LE JARDIN POTAGER

ET

LA BASSE-COUR

DU CURÉ ET DE L'INSTITUTEUR RURAL

SAINT-DENIS. — IMP. CH. LAMBERT, 17, RUE DE PARIS.

LE

JARDIN POTAGER

ET LA

BASSE-COUR

DU CURÉ ET DE L'INSTITUTEUR RURAL

Par Augustin SARTI

CULTIVATEUR

LAURÉAT DE LA SOCIÉTÉ D'AGRICULTURE DE LA GIRONDE
DE L'ACADÉMIE DES SCIENCES, BELLES-LETTRES ET ARTS DE BORDEAUX
ET DU COMICE AGRICOLE DE BLAYE

> Toutes les fois que je suis allé dans
> le monde, j'en suis revenu moins bon :
> toutes les fois que je suis allé dans
> mon jardin ou dans ma basse-cour
> j'en suis revenu meilleur.
>
> *(Paroles d'un vieux curé rural.)*

Ouvrage couronné (Médaille d'or) par la
Société d'Agriculture de la Gironde, dans
sa réunion solennelle de Saint-Émilien, le
8 septembre 1872.

PARIS

CH. BLÉRIOT, ÉDITEUR

QUAI DES GRANDS-AUGUSTINS, 55

1874

PRÉFACE DE L'ÉDITEUR

Si ce petit livre ne s'adressait qu'aux curés, aux cultivateurs et aux familles rurales de la Gironde, nous nous garderions bien de le faire précéder du moindre bout de préface.

Le nom de l'auteur seul suffirait à la popularité de son ouvrage.

M. A. Sarti y est connu comme un agronome praticien émérite, qui excelle dans toutes les spécialités de l'économie rurale et domestique, et la Société d'agriculture et les comices ont maintes fois consacré par leurs meilleures récompenses ses succès en tout genre.

Les anciens abonnés de la *Gazette des Campagnes* n'ont pas besoin non plus qu'on leur présente M. Sarti. Les excellents conseils qu'il leur donne depuis dix ans sur

a.

toutes les branches de la culture, sur la luzerne en lignes, sur la culture du blé, sur la taille et la conduite de la vigne, sur le jardinage, etc., ont été si profitables à ceux qui les ont suivis, que tout ce qui émane de sa plume y est reçu comme une bonne fortune.

M. Sarti est un apôtre du progrès rural dans le sens le plus vrai et le plus pratique du mot. L'habileté consommée qu'il a acquise comme praticien, est le fruit d'une longue vie dont tous les efforts ont tendu à retenir au village les populations rurales, en leur enseignant les moyens d'y acquérir le bien-être dont elles sont privées faute de savoir-faire et d'intelligence. Il est par excellence le précepteur des petits ménages, des familles des artisans et des petits cultivateurs. Tout ce qu'il enseigne à ces humbles populations est le fruit d'études approfondies et d'une pratique aussi persévérante que sagace, où son esprit investigateur a pu ajouter beaucoup d'idées neuves et utiles aux prescriptions des traités les plus estimés.

En parcourant ce court volume, les lec-

teurs habitués à ce genre d'ouvrages remar-
queront sans peine beaucoup d'idées origi-
nales personnelles à l'auteur, et qu'ils n'ont
rencontrées dans aucun traité de ce genre.
En essayant de les mettre en pratique, ils
s'assureront bientôt qu'ils ont eu affaire à
un maître, et que le petit livre de M. Sarti
est le complément obligé de tous les traités
qu'ils ont pu lire sur le jardinage et la
basse-cour.

M. Sarti dédie son livre avant tout aux
curés et aux instituteurs, parce qu'il voit
dans le presbytère et dans l'école les deux
foyers propagateurs de toute bonne science,
de toute lumière à propager dans nos populations rurales. Il est certain que si chacune
de nos trente mille écoles et de nos trente
mille cures rurales avait un jardin et une
basse-cour dirigés et exploités comme l'enseigne ce petit livre, nos populations rurales auraient entre les mains le levier le plus
assuré de bien-être qu'on puisse désirer.
Elles pourraient réaliser par elles-mêmes
en peu d'années le rêve légendaire du roi
Henri IV.

Pour en avoir la preuve, il suffit de par-

courir les dernières pages du livre, où l'auteur démontre, par des chiffres décisifs, la
différence invraisemblable, réelle pourtant,
qu'il y a, quant aux frais et aux produits
nets, entre la production de la viande de
basse-cour et la production de la viande de
boucherie par l'agriculture.

On sera frappé, en vérifiant les chiffres de
cette comparaison, des éléments de bien-être
qui restent ignorés ou inertes dans nos campagnes, pendant que la civilisation citadine
s'ingénie à multiplier jusqu'à l'absurde les
éléments d'un luxe doublement ruineux,
pour les âmes et pour les patrimoines.

A SON ÉMINENCE

Monseigneur le Cardinal DONNET,

ARCHEVÊQUE DE BORDEAUX,

PRIMAT D'AQUITAINE,

Grand Officier de l'Ordre de la Légion d'Honneur, Grand-Croix de l'Ordre royal de Charles III d'Espagne et de l'Ordre royal de la Conception de Portugal.

ÉMINENCE,

Tous les Presbytères ruraux et les Maisons d'école ont un jardin. C'est particulièrement une utile distraction pour un grand nombre de Curés, l'unique société que quelques-uns puissent fréquenter, et pour tous, Curés et Instituteurs, c'est une source saine, féconde et journalière d'alimentation. Les uns et les autres doivent donc aimer leur jardin et le cultiver avec soin, afin de s'y plaire et d'en retirer le plus de produits possible. Ce dernier résultat ne sera obtenu que tout autant que la culture du jardin sera dirigée avec méthode. Or cette mé-

thode ne s'invente pas : elle s'apprend. La science
horticole a ses règles; on ne peut s'en écarter sans
s'exposer à des déceptions et à des pertes. Comment nos Curés ruraux les connaîtraient-ils? Les
uns, nés dans les villes, n'ont vu des légumes qu'au
marché : les autres, sortis de la campagne, sont en-
trés si jeunes au Séminaire qu'ils ont oublié les
quelques notions qu'ils pouvaient avoir : aussi les
voit-on, les uns et les autres, s'en remettre ordinairement pour la culture de leur jardin à la science
et au zèle de leur Gouvernante ou de leur Sacris-
tain. Confié à des mains inhabiles ou négligentes,
ce jardin, qui devrait leur fournir à peu de frais
plus du tiers de leur alimentation et une agréable
distraction, ne leur donne rien. Ils peuvent, il est
vrai, consulter des *Traités de jardinage*; mais ces
ouvrages, composés par des hommes du métier,
exigent des locaux particuliers, entrent dans des
détails compliqués, et indiquent des précautions et
des soins que ne peuvent prendre ni les Curés ni
les Instituteurs, dont les instants sont en si grande
partie absorbés par les devoirs de leur ministère et
de leurs fonctions.

(Ce que nous venons de dire ne peut s'appliquer
entièrement à MM. nos Instituteurs (1) qui, pendant

(1) L'école normale de la Gironde a été transférée à la campagne,
précisément pour former des instituteurs ruraux capables de répondre
aux exigences de leur mission. L'éminent cardinal a été un des
principaux promoteurs de cette excellente et trop rare mesure.
                    (Note de l'Éditeur.)

les trois années qu'ils ont passées à l'École normale, ont suivi régulièrement un cours théorique
et pratique de jardinage. Nous n'avons rien à leur
apprendre sous ce rapport.)

Le jardin ne produit pas seulement des légumes,
mais encore, si on sait l'utiliser, la nourriture de
quelques-uns des hôtes de la basse-cour; ceux-ci
lui rendront, par leur fumier, ce qu'ils en auront
reçu pour leur alimentation, et fourniront un supplément considérable en viande. Ces deux dépendances du Presbytère et de l'École se complètent
et s'unissent pour subvenir aux principales néces-
sités du ménage. Mais, pour donner du bénéfice, la
basse-cour exige des soins particuliers, dont nous
pensons que MM. les Curés et Instituteurs ne peuvent avoir une idée suffisante. Nous mettons à leur
service les conseils de notre vieille expérience, et
nous osons espérer que, s'ils veulent les mettre en
pratique, ils éviteront des pertes que leur position
rendrait plus sensibles. La basse-cour a des sentiers
battus; il faut les suivre si l'on ne veut pas s'égarer.

Ce petit livre, Monseigneur, n'est que le résumé
de ce que nous avons observé et fait dans notre
jardin et notre basse-cour.

Des Ecclésiastiques et des Instituteurs, à qui
nous l'avons communiqué, ont jugé qu'il serait
utile à leurs confrères : ils nous ont conseillé de
l'offrir à Votre Éminence. C'était notre pensée.

Que nous serions heureux, Monseigneur, si Votre

Éminence daignait bénir et encourager notre œuvre, dont nous nous proposons de consacrer le produit à l'agrandissement de notre Église.

Cette bénédiction et cet encouragement, émanant d'un des plus illustres Princes de l'Église, qui a mérité le titre d'Apôtre de l'Agriculture, seraient pour nos humbles efforts une haute récompense et une assurance de succès.

Daignez, Éminence, agréer l'hommage des sentiments profondément respectueux avec lesquels

Nous avons l'honneur d'être

Monseigneur,

de Votre Éminence

le très-humble et très-obéissant serviteur et diocésain.

Augustin SARTI, cultivateur.

La Ruscade, 15 août 1872.

Lettre de S. Ém. Mgr le Cardinal DONNET,

ARCHEVÊQUE DE BORDEAUX.

Bordeaux, le 31 août 1872.

MONSIEUR,

J'ai lu avec le plus vif intérêt l'opuscule intitulé : *Le Jardin et la Basse-Cour du Curé et de l'Instituteur.* Laissez-moi vous remercier tout d'abord d'avoir songé à me donner connaissance de votre travail. Vous avez pensé que je ne voulais pas rester étranger à ces conseils tout pratiques que vous adressez à MM. les Curés et Instituteurs pour ce qui concerne la culture de leur jardin, et vous avez eu raison. Je ne connais pas de distraction plus agréable pour eux ni d'occupation plus récréative que l'étude que vous encouragez.

> O fortunatos nimium, sua si bona norint!

a dit le poëte : vous avez exprimé la même pensée, en termes différents, il est vrai, mais très-persuasifs. Je ne doute pas que votre Manuel du Curé-Jardinier ne fasse son chemin et ne rapporte d'abondantes ressources au digne Curé de La Ruscade pour la reconstruction de son Église.

Agréez, Monsieur, l'assurance de mes sentiments les plus dévoués.

✝ FERD. CARD. DONNET,

Archevêque de Bordeaux

A M. Augustin Sarti, cultivateur à La Ruscade.

———

FÊTE DE LA SOCIÉTÉ D'AGRICULTURE DE LA GIRONDE

CÉLÉBRÉE A SAINT-ÉMILION, LE 8 SEPTEMBRE 1872.

———————

M. Dupont, secrétaire général, fait l'appel des Lauréats; il s'exprime ainsi :

. . . .

. . . .

Mémoires et Manuscrits (*Médaille d'or*).

Parmi les travaux originaux, manuscrits, qui ont été adressés à la Société d'agriculture pour le concours de 1872, celui intitulé *Le Jardin et la Basse-Cour* a mérité une mention toute spéciale. C'est l'œuvre d'un homme qui a noblement employé sa vie, et qui consacre tous ses moments à faire le bien. C'est la conception d'un ami des champs, d'un praticien convaincu et émérite. M. Sarti, cultivateur, cherche à prouver dans son travail, et il y réussit, que l'on peut tirer un grand parti d'un carré de jardin, de quelques poules, de quelques lapins, de quelques pigeons. Il parle de la vache bretonne, et démontre, d'une manière satisfaisante, la possibilité de l'élever et d'en tirer un produit qui peut amener l'aisance dans un petit ménage. Sans doute un peu d'industrie et de travail est nécessaire pour obtenir ce résultat; mais les démonstrations donnent à ces mots de labeur, de travail, toutes les apparences d'un plaisir, d'une fête. Ce petit livre est écrit d'un bout à l'autre avec un style honnête et simple, qui attire, qui charme, qui persuade. Il nous a paru, au point de vue économique et scientifique, résoudre, pour les campagnes, les problèmes d'une production intensive considérable au profit de l'alimentation publique, salubre et à bon marché. Sa place est marquée parmi les bons livres, et nous sommes convaincus qu'il rendra de véritables services aux lecteurs auxquels il s'adresse.

La Société d'agriculture a accordé une Médaille d'or à M. Sarti, cultivateur à La Ruscade.

LE JARDIN POTAGER.

Faites des jardins et mangez-
en les fruits.

(Jérémie, c. 29.)

L'amélioration du sol. — Les traités de jardinage indiquent plusieurs moyens d'améliorer le sol d'un jardin : tous sont très-coûteux, par conséquent au-dessus des ressources ordinaires des curés et des instituteurs ruraux.

Un bêchage profond, si le sous-sol le permet, et des engrais riches et abondants finissent toujours par améliorer, sans grandes dépenses, le sol le plus ingrat.

Le tracé du jardin. — Il y a plusieurs manières de tracer un jardin : en forme de jardin anglais, en plates-bandes, en carreaux de 5 à 10 mètres de côté, ou en rectangles de là même largeur dont on proportionne la longueur

1

à la configuration et à l'étendue du terrain.
Par les trois premières, on perd le terrain qui est
occupé par les petites allées et le temps que le
ratissage exige ; les carreaux, que l'on ne plante
guère que d'une sorte de légumes, restent inoc-
cupés en grande partie jusqu'à ce que ce légume
ait été épuisé : plantés en choux, par exemple,
ils en contiennent au moins 100 têtes, qu'un
petit ménage ne consommera que dans trois
mois. Si ces choux pomment à la fois, on en
perd ; dans le cas contraire, les choux en retard
empêchent de planter ou de semer autre chose.
Un carreau de cette étendue (100 mètres carrés) exige, au même moment, un long travail
de bêchage, de semis ou de plantation et d'arrosage, tandis que, par le tracé en rectangles,
qui permet les semis et les plantations en lignes
variées, on ne perd point de terrain en allées
inutiles, ni de temps pour leur ratissage ; on
évite l'encombrement des produits, parce qu'on
peut toujours ne semer ou planter à la fois ou
par intervalles que ce qui est nécessaire à la
consommation journalière du ménage. Chaque
ligne ne contient qu'une petite quantité de légumes, une dizaine de choux, par exemple,
qui, consommés en peu de temps, font place à
d'autres plantes. Le terrain est donc ainsi tou-

jours occupé. Deux heures suffisent pour bêcher, semer ou planter une ligne de 8 à 10 mètres : on a moins d'arrosage à faire à la fois
jusqu'à la reprise, ce qui divise le travail. Autre avantage : en fumant et en bêchant une
ligne vidée, on donne aux légumes des deux
lignes voisines une nouvelle fumure et un nouveau guéret.

Une largeur de 10 mètres est suffisante pour
les rectangles.

On borde les allées qui séparent les rectangles
d'oseille, de persil, de luzerne, de chicorée
sauvage et de fraisiers, que l'on renouvelle par
quart tous les ans.

A. Instrument dont on se sert pour
tracer les allées d'un jardin anglais.
BC. Largeur des allées.

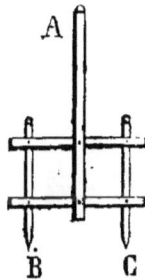

JARDIN POTAGER

TRACÉ EN RECTANGLES.

ARTICHAUTS.	ASPERGES.
SALSIFIS.	SCORSONÈRE.
CHOUX.	LAITUE.
AIL.	POMMES DE TERRE.
FÈVES.	ÉCHALOTES.
MELONS.	POIS.
POIREAUX.	CAROTTES.
POIRÉE.	CARDONS.
BETTERAVES.	TOMATES.
ÉPINARDS.	PICARIDIE.
OIGNONS.	MELONS.
LENTILLES.	CHOUX-FLEURS.
PANAIS.	NAVETS.
CÉLERI.	GESSE.
CHERVIS.	POURPIER.
CITROUILLES.	RADIS.

JARDIN POTAGER

TRACÉ EN PLATES-BANDES.

ARTICHAUTS.	ASPERGES.
SALSIFIS.	LAITUE.
CHOUX.	POMMES DE TERRE.
FÈVES.	AIL.
ÉCHALOTES.	POIS.
HARICOTS.	CITROUILLES.
POIREAUX.	CAROTTES.
POIRÉE.	TOMATES.
BETTERAVES.	ÉPINARDS.
OIGNONS.	MELONS.
ASPERGES.	ARTICHAUTS.

JARDIN POTAGER

TRACÉ, D'APRÈS LA MÉTHODE ORDINAIRE, EN CARREAUX.

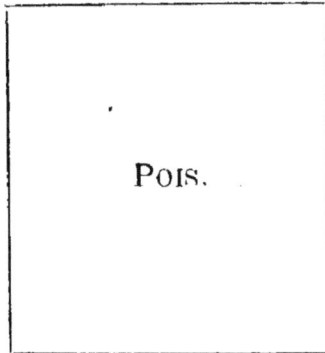

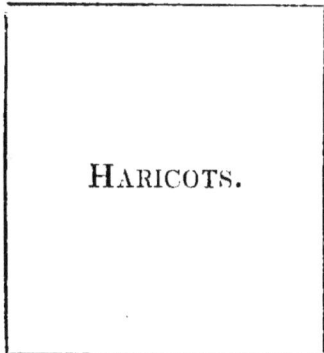

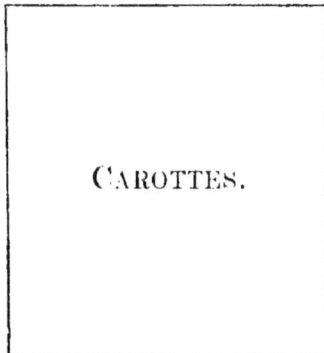

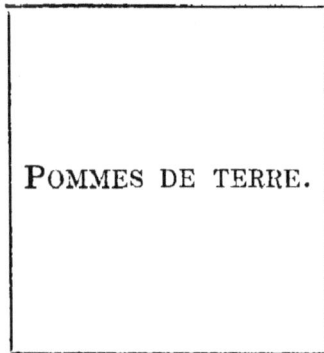

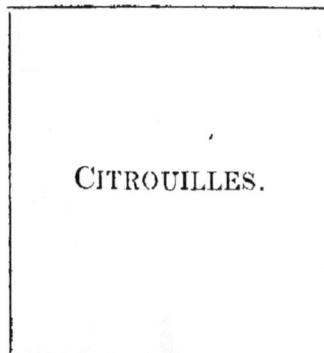

CHOUX.	POIS.
HARICOTS.	CAROTTES.
POMMES DE TERRE.	CITROUILLES.

JARDIN ANGLAIS.

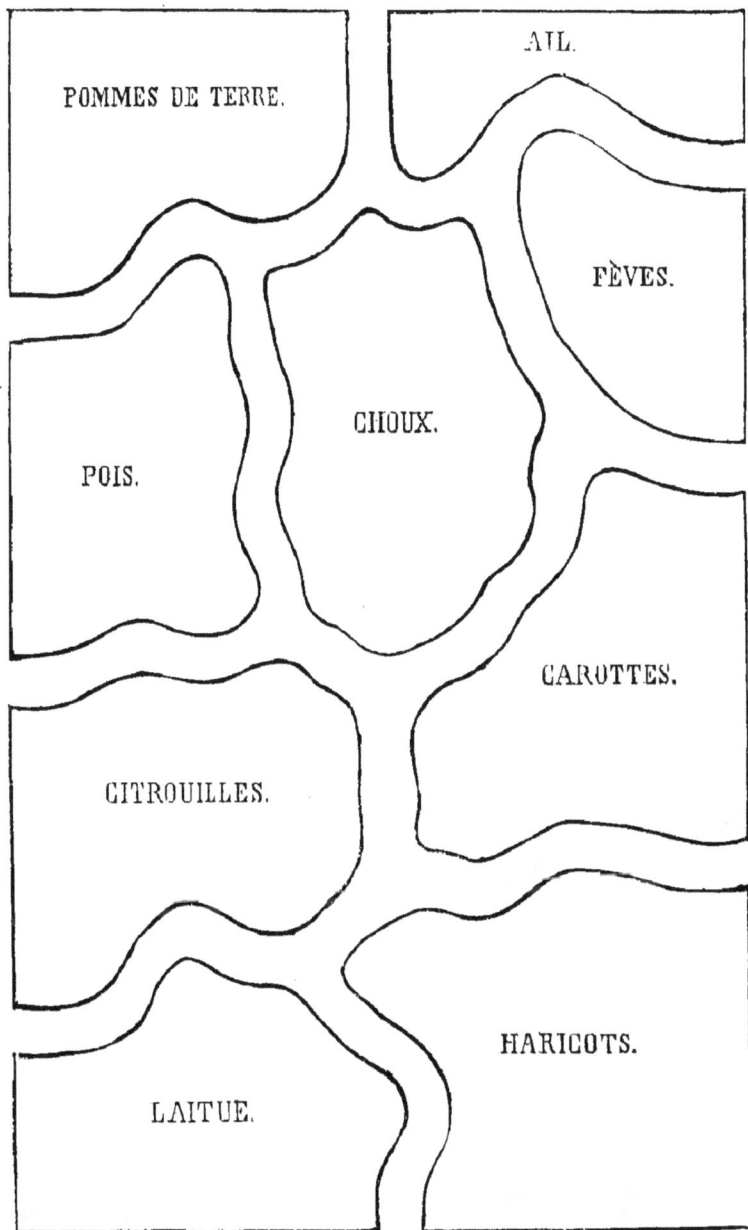

POMMES DE TERRE.

AIL.

FÈVES.

CHOUX.

POIS.

CAROTTES.

CITROUILLES.

HARICOTS.

LAITUE.

Le bêchage. — Un jardin veut être bêché profondément, à moins que le sous-sol ne soit composé de gros gravier ou d'argile, qui gâtent ordinairement le terrain auquel ils sont mélangés.

La pelle-bêche pleine ou à fourche est le meilleur instrument de bêchage pour un jardin. On peut aussi se servir de la houe ou bigaud, qui est plus expéditive, mais dont le guéret est forcément piétiné, puisqu'on bêche en avançant.

La terre du tail (1) que l'on ouvre lorsqu'on commence à bêcher une ligne est transportée à l'extrémité opposée, et sert à combler le vide qui s'y trouve à la fin du bêchage. A mesure que l'on bêche, on fait glisser au fond du tail le fumier qui a été répandu sur le terrain, on l'y tasse avec la pelle-bêche et on le couvre.

Le bêchage à billons l'emporte, sous tous les rapports, sur le bêchage à plat, surtout pour les légumes d'hiver.

Les semis. — Les semis réussissent mal dans les terrains qui forment croûte après l'arrosement. On obvie à ce grand inconvénient en couvrant les semis d'une couche de terreau

(1) Tail, vide qui existe entre la terre bêchée et la terre qui ne l'est pas encore.

tamisé, mêlé d'un peu de sciure de bois autre que le chêne.

On fait les semis de légumes à replanter en lignes distantes de 10 centimètres. Cette disposition permet de cultiver et de terreauter les intervalles après la levée, ce qui donne de l'avance au plant et le protége contre les courtilières, dont on dérange les travaux souterrains. Le sarcloir surmonté d'une pointe est très-commode pour le sarclage des semis.

Les semis en place se font un peu épais et en lignes plus ou moins rapprochées, selon le développement ordinaire du légume.

On éclaircit le plant et on le replante, ou on ressème dans les endroits qui ont manqué.

Pour semer on fait au cordeau un rayon de 4 à 5 centimètres de profondeur, on le remplit à moitié de *plumes* et de terreau, et on y verse du *lait de fumier* : on y sème la graine, que l'on recouvre d'une légère couche de terreau tamisé, et on arrose à deux ou trois reprises.

Le *lait de fumier* se compose de fumier de porc, de vache ou de cheval, et d'un peu de fumier de lapin, de poule et de pigeon, délayé dans de l'eau.

Un léger coup de râteau fin, donné deux ou trois jours après un semis, favorise sa levée.

Un semis à replanter doit servir à plusieurs plantations, que l'on fait à quelques jours d'intervalle, afin que les produits se succèdent.

Presque toutes les maisons offrent des abris contre la chaleur ou le froid ; on les utilise pour les semis et les plantations qui craignent l'un ou l'autre.

On peut aussi, vers la fin de l'hiver, faire des semis dans une caisse que l'on garde à la cuisine ou à la cave : on en remplit le fond de fumier chaud d'écurie que l'on couvre d'une couche de terreau. On la sort par le beau temps.

L'époque et l'espèce des semis seront indiquées sur un morceau de papier fixé au bout d'un petit bâton que l'on plantera dans le semis.

Le repiquage. — Quelques légumes se sèment en place, comme le salsifis; d'autres veulent être repiqués, comme le chou. Dès que le plant de semis à repiquer est assez fort, on l'arrache après un bon arrosement; on coupe la racine-pivot au-dessous du chevelu, et on replante en lignes à 10 centim. de distance. On peut mettre en place quelques plants, qui donneront plus tôt.

Le repiquage retarde la végétation du plant, le fortifie et assure le produit. Par ce moyen, un même semis peut servir à plusieurs plantations successives.

On repique ou on replante en place : artichaut, asperge, aubergine, betterave, capucine, cardon, carotte, céleri, chicorée, chou, cresson, épinard, joute, laitue, oignon, poireau, tomate, etc.

Le repiquage et la transplantation exigent un arrosement assidu jusqu'à la reprise.

La plantation. — Dans les terrains frais et pour l'hiver, la plantation sur billons est préférable.

Pour planter, on fait avec le plantoir, — petit bâton pointu, — un trou que l'on remplit de plumes, et dans lequel on verse du lait de fumier. Lorsque ce lait est bu, on refait le trou avec le plantoir, et on y introduit le pied du plant jusqu'au collet ; — le plant doit être enfoncé dans le terrain un peu plus profondément qu'il ne l'était là où il a été arraché. — Il est bon, avant de planter, de mettre du terreau dans le fond du trou jusqu'à la hauteur des racines, afin qu'il n'y ait pas de vide au-dessous, ce qui compromettrait ou retarderait la reprise. On presse la terre autour de la tige, et on arrose à deux ou trois reprises.

Les semis à replanter peuvent être faits en

tout temps ; mais, autant que possible, on ne plantera et on ne sèmera en place qu'en lune descendante ou en vieille lune. Une longue expérience, appuyée des observations des cultivateurs, prouve que l'opinion populaire au sujet de l'influence de la lune sur la végétation n'est pas dénuée de fondement.

Quelques plantes reprennent difficilement, pour peu que leurs racines soient ébranlées par l'arrachage. Voici un moyen qui nous a toujours parfaitement réussi. On place un grand verre, à bords droits, sur le plant, et on l'enfonce, en le tournant, jusqu'à ce que le fond du verre touche les feuilles ; on fait glisser une petite pelle à main, bien lisse, autour du verre ; on le soulève et on le porte, sur cette pelle, dans le trou qui a été préparé, et que l'on remplit de plumes, de terreau et de lait de fumier ; on retire doucement la pelle, puis le verre, en le frappant doucement à petits coups sur le fond, et on arrose. Nous avons transplanté par ce moyen des haricots, des pois, des melons, qui n'ont pas même chancelé.

Quand on est pressé pour planter, on fait avec le bigaud de grands trous que l'on remplit de fumier, de terreau, de plumes et de lait de fumier, et où on place le plant ; on bêche le plus tôt possible après avoir fumé le terrain.

Les assolements. — Les légumes qu'on ne récolte qu'après qu'ils ont fleuri, comme les pois, les haricots, etc., ne peuvent reparaître sur le même terrain que tous les trois ans.

Les engrais. — Sans engrais, point de jardinage. Quelques curés ruraux ont un cheval; curés et instituteurs peuvent presque tous avoir une petite vache, un porc, des lapins, des poules, des pigeons, etc., dont le fumier, joint aux produits des balayages de l'église, du presbytère et de l'école, aux débris des légumes, aux curures de fossés et des fosses d'aisances, à la cendre et à la suie provenant des lessives et des ramonages, au gazon, aux herbes qu'on retire des allées et du jardin, aux feuilles d'arbres, au marc de raisins et de pommes, fournira tout l'engrais nécessaire.

Nous recommandons le lait de fumier.

La plume, que l'on perd généralement, est aussi un excellent engrais. Outre la vigueur particulière qu'elle donne aux plantes, elle semble encore les protéger contre les attaques de la courtilière et du ver blanc.

On peut aussi semer, dans les lignes vidées, arosse, pois, fèves, sarrasin, moutarde blanche, farouch, lupin, etc., que l'on enterre avant qu'ils fleurissent. Cet engrais n'a pas seulement comme les autres l'avantage d'enrichir le terrain, mais encore de le rendre plus léger.

Il est très-avantageux de porter le fumier de l'écurie dans le jardin et de l'y enfouir aussitôt, c'est le meilleur moyen de lui conserver ses qualités : en tas ou pile, il en perd une grande partie, à moins qu'on ne le mette à couvert. Mais comme, lorsqu'il est abrité, il risque de s'échauffer et de moisir, il faut avoir la précaution d'y faire, de temps en temps, des trous, au moyen d'une barre de bois ou de fer, jusqu'à la moitié de l'épaisseur du tas, dans lesquels on introduit lentement un arrosoir d'eau. Le fumier couvert n'a jamais de purin ; il faut, en l'arrosant, éviter d'en faire.

Le fumier, abrité ou non, sera placé au niveau du terrain, jamais dans une fosse.

Quelques jardiniers couvrent leur fumier d'une couche de terre ou de marne. Cette couverture ne tarde pas à le manger, et devient la cause d'une double dépense par son double transport, d'abord à la pile, puis au jardin.

Le terreau. — On obtient le terreau en réunissant en tas ce qui est indiqué au commencement de cet article, comme les balayures, les débris de légumes, les curures de fossés, etc.

On les dispose par couches. Dès qu'ils sont en partie consommés, on bêche le tas pour mélanger toutes les substances, et on le reforme. Il est bon au bout d'un an : si on le garde plus longtemps, il se change en poussière et perd toutes ses qualités. On humecte le terreau comme le fumier.

Un jardinier doit s'attacher à produire tous les engrais qui lui sont nécessaires pour son jardin. C'est dans son écurie et dans sa basse-cour qu'il les trouvera meilleurs et moins chers que dans le commerce.

L'arrosage. — L'arrosage est, comme l'engrais, indispensable. Malheureusement, cette opération faite avec les arrosoirs ordinaires à bec large et à grosses pommes, qui consomment tant d'eau en pure perte, est si fatigante qu'elle est généralement négligée. Aussi voit-on dans un grand nombre de jardins les plus beaux semis et les plus belles plantations du printemps s'étioler et même périr pendant l'été, faute d'un peu d'eau.

Pour économiser l'eau, la fatigue et le temps, on se sert d'un petit tuyau ou siphon mobile, terminé par une ouverture de 2 à 3 millimètres de diamètre, que l'on adapte au bec de l'arrosoir à la place de la pomme. Pour arroser un plant, on met le bout du siphon près de la tige, et l'eau descend jusqu'aux racines sans qu'une goutte soit perdue.

On arrose les semis avec une pomme plate de 10 à 12 centim. de largeur sur 2 à 3 centim. d'épaisseur, à 2 ou 3 rangs de trous très-petits, que l'on tourne selon l'espace plus ou moins large que l'on veut arroser.

Une plante a besoin d'eau lorsqu'au milieu du jour ses feuilles s'inclinent ou se fanent. Il faut éviter de mouiller les feuilles, surtout lorsque le soleil paraît, mais on peut arroser à toute heure au pied avec le siphon.

Au printemps, à l'automne, on arrose le matin, en été, le soir.

Les graines. — Les graines que l'on prendra chez un marchand grainier de confiance seront toujours meilleures que celles que l'on récoltera dans son jardin, à cause des soins qui auront été donnés aux porte-graines. De plus, si l'on considère la valeur du porte-graine qu'il faut conserver, — c'est toujours le plus beau pied, — le temps qu'il reste en place avant que la graine soit mûre, le terrain qu'il occupe et qui produirait autre chose, les soins qu'il exige, l'incertitude de la bonté des graines qu'il donnera, et la quantité de graines que l'on a, chez un marchand grainier, pour 15 centimes, on reconnaîtra facilement qu'il y a plus d'avantages à acheter certaines graines qu'à le récolter.

Tous les marchands grainiers expédient par la poste les graines qui leur sont demandées.

Les mauvaises herbes. — Les mauvaises herbes nuisent considérablement aux légumes, qu'elles épuisent ou étouffent. Elles aiment particulièrement les terrains qui contiennent de l'argile. C'est, pour nos localités, le chardon, le chiendent, la *couette*, la folle avoine, la fougère, l'herbe courante, la millasse (1), le mouron, l'oignon sauvage, la patience, le plin (2), la ravenelle, etc.

Voici les moyens par lesquels on peut tenter de s'en débarrasser :

Le chardon, en le coupant lorsqu'il est en fleur; il ne se reproduit que par la graine. Bon cuit pour les porcs, quand il est jeune.

Le chiendent, en l'arrachant avec précaution.

La *couette* (3) et la folle avoine, par le sarclage.

La fougère, en la coupant lorsqu'elle sort de

---

(1) Petit millet.
(2) Espèce de chiendent.
(3) Petite graminée qui ressemble à la millasse.

terre, pendant deux ans. Ce moyen est infaillible.

L'herbe courante, par le sarclage. Bonne
pour le bétail.

La millasse, par le sarclage, avant que la
graine mûrisse. Bonne pour le cheval, le porc
et le lapin.

L'oignon sauvage, en coupant sa tige avant
que la graine mûrisse.

La patience, en l'arrachant en temps humide
et en la faisant brûler.

Le plin, en l'arrachant avec une extrême
précaution et en le brûlant, comme la patience.

La ravenelle, par le sarclage avant la maturité de sa graine. Bonne pour le porc et le
lapin.

Un moyen sûr de détruire les mauvaises
herbes, est d'empêcher que leur graine ne
mûrisse.

Le topuinambour *tue* toutes les mauvaises
herbes, même l'oignon sauvage et le plin, si
difficiles à détruire.

Les animaux nuisibles. — Ils sont nombreux, et leurs ravages considérables.

Voici les principaux :

L'*alouette*. Quand elle ne peut arracher une
plante naissante, elle se venge en en coupant

la tige au-dessus du collet. Le *bruant*, le *char-donneret*, le *corbeau*, la *linotte*, le *moineau*, le *pinson*, la *tourterelle*, etc., qui arrachent les bourgeons des arbres et dévorent les graines. Tous ces oiseaux sont des bêtes malfaisantes. Contre elles, tous les moyens de destruction sont licites. C'est une erreur de croire qu'ils mangent des insectes. Les oiseaux à bec rond ne se nourrissent que de grain ; les autres à bec fin ou plat vivent d'insectes, comme le *coucou*, le *rossignol*, l'*hirondelle*, le *pivert*, la *fauvette*, le *rouge-gorge*, le *roitelet*, la *mésange*. Voilà ceux que l'on doit ménager et dont on favorisera la multiplication, à l'exemple de l'Angleterre. Avant la loi sur la chasse, les enfants tendaient dans les chaumes des collets ou sétons, auprès desquels ils mettaient pour appât du *millet*. Qu'on les interroge, ils répondront qu'ils n'ont jamais pris que des oiseaux à bec rond, c'est-à-dire ceux qui ne vivent que de grains. Cette chasse détruisait un grand nombre d'ennemis de l'agriculture, et fournissait aux villes et aux campagnes un supplément considérable d'alimentation. Depuis qu'elle est prohibée, les *bons* oiseaux ont presque entièrement disparu. Plus de *loriots*; quelques *rossignols*, encore quelques *mésanges*, quelques *huppes*, chaque année moins nombreux, tandis que les oiseaux malfaisants se sont multipliés d'une manière effrayante.

La *chenille*. Nous tenons d'un curé, habile jardinier, le moyen suivant de la détruire sur les arbres. On met au bout d'une perche une bougie allumée autour de laquelle on fixe un cornet de papier. Le matin et le soir, on place la bougie au-dessous des chenilles, qui tombent toutes dans le cornet. On les donne aux hôtes de la basse-cour ou on les écrase.

En 1872, où les chenilles ont fait tant de ravages, pas une feuille des arbres du jardin de cet ecclésiastique n'a été rongée.

Quelques pieds de chanvre semés dans les plantations en éloignent la chenille.

La *courtilière* ou *fumerolle*, le désespoir des jardiniers. Comme l'alouette, elle fait le mal par plaisir. On ne peut guère lui opposer que la plume dans les semis et les plantations, et un sarclage assidu. Victor Paquet, l'éminent et regretté jardinier de Paris, donnait, dans un article qu'il avait indiqué (où ?), un moyen infaillible de se débarrasser des courtilières. Quel est ce moyen ? Nous avons eu un corbeau apprivoisé qui, pendant un été, avait détruit tant de courtilières dans notre jardin, que l'année suivante, au printemps, nous n'en entendîmes chanter que deux : il est le seul de sa race qui nous ait rendu ce service.

La *fourmi.* On brûle les fourmilières, on écrase avec le pied les fourmis qui campent sur la terre, cela suffit pour les dévoyer. On frappe sur le tronc des arbres qu'elles ont envahis, et on les écrase avec la main à mesure qu'elles descendent.

La *guêpe.* Le guêpier n'a ordinairement qu'une ouverture qui sert d'entrée et de sortie. Après s'en être assuré pendant le jour, on y introduit, à la nuit, un paquet d'allumettes chimiques allumées et on le bouche, ou, ce qui vaut encore mieux, on met sur ce trou de la paille et du menu bois enflammés.

La *limace* ou *loche.* Au printemps et à l'automne, les jours de pluie surtout, on lui fait la guerre le soir et le matin; on l'embroche ou on la coupe en deux au moyen d'une petite pelle-bêche.

Le *limaçon.* On le ramasse, et, après l'avoir fait jeûner, on le mange.

La *pibole* (1). On la fait tomber sur un linge en frappant la tige de la plante.

(1) Puceron rouge à raies noires.

Le *puceron* dessèche les feuilles et les fait recoquiller : on l'écrase avec les doigts, ou on coupe la partie de la feuille qui a été attaquée et on la fait brûler.

Le *rat* mange les graines de semis, surtout les pois et les fèves : contre lui, le ratier que nous indiquons à l'ennemi de la basse-cour.

La *taupe* a été défendue par des personnages si éminents, que nous ne nous permettrons aucune observation. Ceux qui la regardent comme une bête très-malfaisante pour les semis et les plantations, qu'elle chavire et bouleverse, la détruiront au moyen d'engins ou taupiers qu'ils établiront dans ses galeries.

Nous avons connu un homme qui, au moyen d'une poudre, attirait les taupes mâles hors de leurs galeries et les prenait avec la main; il est mort sans révéler son secret, même à ses enfants. Quoique pauvre, il a refusé une forte pension que M. le duc Decazes, président de la Société générale d'agriculture de France, lui proposait au nom du gouvernement, en retour de son secret.

On nivelle et on piétine les taupinières les plus fraîches, et au lever, au coucher du soleil et vers midi, on enlève la taupe lorsqu'elle travaille à rétablir sa galerie.

Le *tiquet* attaque principalement les feuilles de navet : on répand de la cendre et de la suie sur les feuilles lorsqu'elles sont mouillées.

Le *turc* ou ver blanc. On fouille autour de la plante qu'il a attaquée, et on détruit les hannetons ou larves qui le produisent.

Le *ver*, qui s'introduit dans la tige d'une plante. On coupe la tumeur qui révèle sa présence.

Le *ver* de terre ou lombric. On lui fait la chasse par un temps humide, le matin et le soir; on enfonce dans le terrain un pieu que l'on appuye contre les parois du trou. Les vers qui sont à l'entour sortent tous de terre. Les poules en sont friandes.

On fera bien d'habituer une poule à rester près du jardinier, quand il bêchera, pour ramasser les insectes.

Les animaux bienfaisants. — Avec certaines espèces d'oiseaux, on doit compter parmi les animaux bienfaisants :

Le *chien*. On le dresse facilement à prendre les taupes et les rats ; il suffit de lui faire flairer, quand il est jeune, une galerie fraîchement faite et un nid de rats ou de mulots. Nos braves Murph et Rigolette, de la variété loulou, nous ont délivrés de toutes les taupes qui ravageaient

notre terrain ; en deux ans ils en ont pris dix-
sept, et détruit un grand nombre de mulots. On
leur donne un petit morceau de fromage ou de
sucre en présence du cadavre de l'ennemi qu'ils
ont détruit.

Le *chat*. Si le jardin est proche de la maison
qu'il habite, il y fait continuellement la chasse
au rat, au grillon, à la courtilière, etc.; il fait
bien aussi quelque mal : il mange les oiseaux
sans distinguer les bons des mauvais; il détruit
les couvées, goûte même au melon; mais, en
somme, il rend assez de services pour qu'on lui
pardonne ses méfaits.

Le *hérisson* fait autant de bien que le chat et
moins de mal. Parmi les bêtes nuisibles qu'il
détruit, il en est une qui depuis quelque temps
s'est propagée extraordinairement dans nos localités, on la rencontre partout; aussi compte-
t-on, chaque année, de nombreux accidents :
c'est la vipère. Le hérisson est son ennemi; il
la poursuit, la tue et la mange.

Le *crapaud*, les *lézards* et les *grenouilles* vertes
et d'*égail* (1), rendent d'immenses services à l'a-
griculture par la grande quantité d'insectes nui-

_____

(1) Grenouille de rosée à peau jaune zébrée de noir : ne
va point à l'eau.

sibles qu'ils dévorent. Un jardinier intelligent les respectera quand il les trouvera dans son jardin, où ils feront beaucoup de bien et jamais d'autre mal que d'effrayer quelques promeneurs. C'est au crapaud que l'on doit la conservation des semis à feuilles tendres.

La *poule*. On l'introduit dans le jardin lorsqu'on bêche.

LE CALENDRIER HORTICOLE.

On sème ou on plante en :

JANVIER [1].

Ail, échalote, fève, gesse, lentille, oignon, poireau, pois, topinambour.

FÉVRIER.

Ail, asperge, carotte, céleri, chicorée, chou cabus, cresson, échalote, épinards, fève, gesse, laitue, lentille, oignon, oseille, panais, poireau, pois, pommes de terre, radis, salsifis, topinambour.

MARS.

Ail, arachide, artichaut, asperge, aubergine, betterave, bonne-dame, capucine, carotte, cer-

[1] L'auteur habitant la Gironde, les lecteurs du Nord devront observer un intervalle de quelques jours entre les dates de ce calendrier et les dates indiquées pour leurs opérations.

feuil, chervis, chicorée, chou (cabus, vert, fleur, brocoli, rave), cochet-de-balai, concombre, épinards, estragon, fève, fraisier, laitue, lentille, melon, oignon, oignon d'Égypte, oseille, oxalis, panais, picridie, pissenlit, poireau, poirée, pois, pommes de terre, radis, rave, rocambole, rutabaga, salsifis, scorsonère, tomate, topinambour.

AVRIL.

Ail, angélique, arachide, artichaut, asperge, aubergine, benincasa, betterave, bonne-dame, capucine, cardon, carotte, céleri, chenillette, chervis, chicorée, chou (pommé, vert, fleur tendre et demi-dur, noir hâtif de Sicile, chinois, rutabaga), claitone, concombre, courge, cresson, épinards, estragon, fève, fraisier, haricot, laitue, lentille, melon, navet, oignon, oignon-rocambole, oseille, oxalis, panais, picridie, piment, poireau, poirée, pois, pommes de terre, pourpier, radis, rave, salsifis, scarole, scorsonère, tétragone, tomate, topinambour.

MAI.

Angélique, artichaut, aubergine, betterave, bonne-dame; bonnet-de-prêtre, capucine, cardon, carotte, céleri, chenillette, chervis, chicorée, chou (brocoli, noir de Sicile, fleur, pommé, rave, rutabaga), claitone, concombre, courge, cresson, épinards, fève, fraisier, haricot, laitue, lentille, melon, navet, oignon, oseille, oxalis, panais, patate douce, picridie, piment, poireau, poirée, pois, pommes de terre, pourpier, radis, rave, rocambole, salsifis, scarole, scorsonère, tomate, topinambour.

JUIN.

Artichaut, betterave, bonne-dame, cardon, carotte, céleri, chicorée, chou (brocoli, chinois, fleur, navet, pommé, rave, rutabaga, vert), claitone, concombre, épinards, fève, haricot, laitue, navet, oignon, oseille, panais, picridie, poireau, poirée, pois, pommes de terre, radis, radis noir, rave, salsifis, scarole, scorsonère.

JUILLET.

Bonne-dame, carotte, chou (brocoli, fleur, navet, pommé, rave, rutabaga, vert), doucette, épinards, haricot, laitue, oignon blanc, navet, picridie, poireau court, poirée, pois, pourpier, radis, radis noir, raiponce, rave, salsifis, scarole, scorsonère.

AOUT.

Bonne-dame, carotte, chicorée, chou (brocoli-fleur, pommé d'York, vert), cresson, doucette, épinards, haricot, laitue, navet, oignon blanc, panais, picridie, poireau, poirée, radis, raiponce, rave, scarole, scorsonère.

SEPTEMBRE.

Angélique, artichaut, asperge, bonne-dame, carotte, chervis, chicorée, chou (pommé, vert), cresson, doucette mâche, épinards, fraisier, laitue, navet hâtif, oignon blanc, oseille, poireau, poirée, radis, raiponce, rave, scarole, scorsonère.

OCTOBRE.

Ail, asperge, chou, doucette, épinards, oignon blanc en place, oseille, poireau en place, pois, radis, topinambour.

NOVEMBRE.

Ail, fève, gesse, pois, topinambour.

DÉCEMBRE.

Ail, fève, gesse, pois, topinambour.

LA CULTURE DES LÉGUMES

INDIQUÉS AU CALENDRIER HORTICOLE.

L'ail. — Deux variétés, le *gros blanc* et le *petit violet*. La saveur du blanc est moins forte, le petit se conserve mieux.

Planter en ligne les gousses, à 15 centim. de distance, de la Saint-Martin à Noël, pour avoir des têtes composées de plusieurs gousses, et en lune ronde de mars pour obtenir une tête formée d'une seule gousse ronde, qui, plantée à la Saint-Martin, donnera l'année suivante des têtes plus belles que celles qui proviennent des gousses ordinaires.

L'ail réussit mieux sur billon qu'à plat. Si le billon est gros, on peut mettre deux rangs de gousses de chaque côté, et on réserve la cime du billon pour y planter, en pleine lune de mars, très-rapprochées, les gousses dont on veut obtenir des têtes rondes pour servir de plants à la Saint-Martin suivante.

L'ail vient plus beau quand il a été couvert de litière pendant l'hiver : on le découvre en temps humide.

En juin, on déchausse les têtes, et on noue leur tige pour augmenter leur volume et hâter leur maturité.

On arrache l'ail lorsque les feuilles sont desséchées, vers la Saint-Jean ; on l'expose pendant trois jours au soleil, et on le rentre en lieu sec.

L'angélique. — Ses tiges et ses côtes font d'excellente confiture. Semer la graine au printemps, près d'un bassin plein d'eau, si c'est possible ; la couvrir d'une légère couche de terreau fin. Arroser abondamment jusqu'à la levée. Planter en septembre à 60 centim. de distance. Couper les tiges en mai et juin.

L'arachide ou *pistache de terre*. — On retire de ses amandes une huile très-bonne à manger en salade, et particulièrement en friture. Elle remplace l'huile d'olive et coûte moins cher ; son usage se généralise. L'arachide aime le terrain léger. On plante les gousses au printemps, en lignes, à 60 centim. de distance. Sarclage assidu sous les tiges jusqu'à la floraison.

Nous couvrons les fleurs, dès qu'elles sont nouées, d'une pincée de terreau.

L'artichaut. — Le *gros blanc* de Laon, le *blanc du Médoc*, le *gros camus* de Bretagne, le *violet*. Dans les terrains froids, le blanc ne tarde pas à devenir violet. L'artichaut blanc est meilleur et plus beau.

Multiplication par œilletons et semis de graines en mars, avril, août et septembre. Planter en terrain bien défoncé, terreauté et fumé avec du fumier de basse-cour, les œilletons que l'on a séparés, aussi près que possible, au moyen d'un couteau ou d'une spatule de bois, à 1 mètre de distance, après en avoir raccourci les feuilles. On n'enterre que le talon et non le cœur, qui pourrirait. On entoure le pied de litière, et on arrose jusqu'à la reprise.

Lorsqu'on cueille une tête d'artichaut, on coupe la tige qui la supporte au nœud qui est au-dessus, et dès que la dernière tête a été récoltée, on sépare le montant du pied ou on le coupe à 1 centim. au-dessous du sol.

Pour avoir de belles têtes, on supprime toutes celles qui poussent autour du montant, et on ne laisse que celle de l'extrémité.

A l'approche des gelées, coupez les feuilles à 30 centim. de hauteur, chaussez le pied de ter-

3

reau en forme de petite butte, et couvrez-le de litière, que vous ôterez au beau temps pour donner de l'air au cœur, qui est plus sensible à l'humidité qu'à la gelée.

L'artichaut se plaît au pied d'un mur à bonne exposition; il y est plus précoce et plus vigoureux.

Un pied d'artichaut donne de beaux fruits pendant quatre ans si, au printemps et à l'automne, on ne lui laisse que deux ou trois œilletons au bas de la souche. C'est aussi parmi ceux-là qu'on choisit le plant, les œilletons qui sont nés en haut de la souche étant moins bons. C'est le moment de couper les vieux montants, de nettoyer la souche et de lui donner du terreau neuf.

Dans les terres légères particulièrement, les pieds d'artichauts provenant de semis sont souvent attaqués et détruits par la fourmi. On ne peut guère s'opposer à cet ennemi que par des sarclages fréquents, en l'écrasant autour du pied et en activant la végétation par des terreaux souvent renouvelés et par l'arrosage.

L'asperge. — Plusieurs variétés *violettes* et *vertes*. On multiplie l'asperge par plantation de griffes ou semis de graines. Le semis est préférable pour les terrains humides, froids et

peu profonds. On plante les griffes d'octobre en
avril (ce dernier mois est le meilleur), et on
sème la graine en avril et mai, à 20 centim. de
profondeur, en un terrain bien bêché et bien
fumé, et à 1 mètre 50 centim. de distance. On
la recouvre d'une légère couche de terreau fin,
et on chausse la tige à mesure qu'elle s'élève.
Une tige suffit par place. Plus les pieds sont
isolés, plus les produits sont beaux. Sarcler
fréquemment.

On ne cueille l'asperge que la troisième année après le semis ou la plantation, et on cesse
au 25 mai, fête de saint Urbain, selon le
dicton :

> A la Saint-Urbain,
> Laisse l'asperge en ton jardin.

Néanmoins on peut couper plus longtemps les
pieds très-vigoureux, pour qu'ils ne fassent pas
une deuxième pousse en août.

On évite aux pieds d'asperge un épuisement
inutile en coupant l'extrémité des tiges avant la
floraison, et en enlevant les graines à mesure
qu'elles se forment.

En automne, on coupe les tiges au niveau du
terrain, dès qu'elles commencent à jaunir ; on
bêche les pieds à la fourche, sans toucher les

racines (le triant, fourche recourbée, est préférable pour cette façon à la fourche droite, à la
pelle-bêche et à la houe ou bigaud), et on les
couvre d'un bon tas de fumier chaud d'écurie :
à la fin de l'hiver, on enlève les résidus du fumier, on les remplace par une bonne couche de
terreau plus étendue que le pied, et on donne
une façon à la fourche recourbée.

Lorsqu'un pied d'asperge s'étend outre mesure et ne donne plus que des fils, au moment
où les tiges se montrent, on le déchausse, on
lui laisse au centre 3 ou 4 tiges; on enlève
toutes les autres avec leurs racines, aussi loin
que possible, et on remplace la terre par du terreau mélangé de fumier de basse-cour. On ne
coupe des tiges à ce pied qu'au printemps suivant.

Le crottin bouilli de cheval jeté chaud sur un
pied d'asperge en avance la végétation. On le
laisse monter plus tôt que les autres.

L'aubergine ou melongène. — Nombreu-
ses variétés *violettes* et *blanches*. Ces dernières
sont indigestes.

Semer en avril : la graine est longue à lever,
arrosage fréquent. On retarde la formation du
fruit de l'aubergine en supprimant les faux
bourgeons qui poussent le long de la tige; en

opérant ainsi sur quelques pieds, on a des fruits jusqu'aux gelées.

Le fruit de l'aubergine n'est bon à manger que lorsqu'il est à moitié venu.

La graine récoltée dans les terrains froids est plus longue à lever et réussit mal.

Le bénincasa. — Deux variétés, l'une à fruit *rond*, l'autre à fruit *long*. Sa chair plus légère, son goût moins prononcé et sa durée le font préférer au concombre, qu'il remplace. Semer en avril et mai.

La betterave. — Très-nombreuses variétés, dont on ne cultive guère dans les jardins que la betterave *potagère* ou à *salade*. La betterave *jaune globe*, presque aussi bonne à manger que la potagère, a le précieux avantage de réussir partout et de donner un tiers de plus en feuilles.

Semer après les gelées, d'avril en mai : éclaircir jusqu'à ce qu'il y ait 30 à 40 centimètres de distance entre les plants.

On replante la betterave, quand elle est grosse comme le doigt, sans casser ni replier la racine; arroser avant et après la plantation, à moins que la pluie n'en dispense.

Toutes les variétés de betteraves, surtout la globe, offrent une ressource précieuse pour le bétail, l'été par la feuille, l'hiver par la racine.

On récolte la betterave avant les gelées; on coupe le collet des feuilles, et on la rentre en lieu sec. La graine est bonne pendant 3 ans.

La bonne-dame. — Se sème d'elle-même; mais, pour en avoir jusqu'à l'hiver, semer de mars en août.

La bourrache. — Comme la bonne-dame. Ses fleurs ornent la salade et rafraîchissent le vin.

La capucine. — *Grande d'Alger, panachée, naine, tubéreuse.*

La fleur de cette plante orne les salades et en relève le goût; ses boutons de fleurs et ses graines vertes confites remplacent les câpres. On les fait tremper pendant huit jours dans du vinaigre fort, en ayant soin qu'ils soient toujours couverts; on change le vinaigre. et on ajoute du sel, du poivre, de l'estragon et des rocamboles.

Semer en avril et mai, palisser les pieds.

Le cardon. — Quelques variétés ont des épines dont la piqûre est dangereuse. *Cardon de Tours* (épineux), *d'Espagne* et *plein inerme* (sans épines), *plein à côtes rouges.* On préfère le cardon de Tours.

Semer en avril et mai, à 1 mètre de distance, plusieurs graines dans un même trou; ne laisser, après la levée, que le plus beau plant. Le ver blanc ou turc attaque le cardon, que l'on peut sauver en plantant autour un cordon de laitues : le ver blanc s'y arrête ordinairement.

En octobre, on commence à lier les feuilles du cardon, et on les entoure de paille pour les faire blanchir. Quinze jours suffisent.

La carotte. — Trois variétés : la *courte*, la *longue* (potagère) et la *fourragère*, que l'on cultive particulièrement pour le bétail. Le goût des deux premières est plus délicat; la carotte courte est plus hâtive.

Guéret profond, surtout pour les deux dernières variétés; couvrir légèrement le semis de terreau tamisé, éclaircir fréquemment jusqu'à ce qu'il y ait 10 à 15 centimètres de distance entre les plants. La carotte se replante, et prend facilement si elle ne manque pas d'eau. On ressème de suite après la levée, ou on replante plus tard les parties du semis qui ont manqué. On frotte la graine de carotte, avant de la semer, dans une poignée de terreau fin, pour lui enlever ses aspérités.

Le rognage à moitié des feuilles fait grossir la racine. Le bétail en est friand.

On préserve la jeune carotte des attaques de la petite araignée en activant sa végétation par des arrosements de lait clair de fumier. A une certaine grosseur elle n'a plus rien à craindre.

Avant les gelées arrachez, laissez ressuyer, coupez les feuilles, rentrez en lieu ou dans du sable. On peut en laisser en terre en les couvrant de litière.

On sème la carotte longue et la fourragère au printemps, et la courte hâtive depuis le printemps jusqu'en septembre.

Le céleri : *plein blanc, plein blanc court* (qui n'a pas besoin d'être butté), *plein blanc frisé, turc* (très-gros), *violet de Tours* (très-gros), *à couper, rave, rave d'Erfurt.* Le céleri court résiste mieux à la gelée et à l'humidité ; on le sème en mars et fin de mois, il est bon en février et mars.

Semez clair toutes les variétés de mars en avril ; arrosez fréquemment. La graine est très-lente à lever ; pour la hâter, on la fait tremper pendant 12 heures dans du vinaigre et on la laisse sécher. On transplante cinq semaines environ après la levée.

Dans les terrains secs, on plante le céleri à butter en ligne, à 30 centimètres au moins de distance, dans une tranchée dont le fond a été

préalablement bien bêché, fumé et terreauté ;
on coupe les grandes feuilles et les racines laté-
rales du plant ; à mesure qu'il s'élève, on réunit
les feuilles en faisceau, par un temps sec, et on
le butte avec la terre qui a été tirée du fossé,
sans couvrir le cœur ni l'extrémité des feuilles.
En hiver on couvre de litière, qu'on lève en
beau temps.

Dans les terrains froids et humides, le céleri
butté rouille et pourrit ; quand il est venu, on
l'arrache en motte et on l'enterre dans du
sable.

Le cerfeuil : *commun, frisé, tubéreux, de
Sibérie, musqué.* — On mange la racine du cerfeuil tubéreux comme le salsifis ; c'est un bon
petit légume que l'on arrache en août et septembre, lorsque les feuilles sont desséchées, et
que l'on conserve, en lieu sec, comme la
pomme de terre, jusqu'en mars.

Semer en place, tous les mois, depuis
avril ; éclaircir à 25 centimètres, couper souvent
pour empêcher la montée. Ne pas confondre le
cerfeuil commun, qui vient naturellement dans
les haies, avec la ciguë, à laquelle il ressemble.
et qui est un poison.

La chenillette. — Plusieurs variétés ou
espèces dont les fruits imitent des chenilles, des

3.

vers, des escargots, etc., et que l'on met comme surprise dans la salade. Bonne à cultiver comme curiosité seulement.

Semer d'avril en mai à 25 centim. de distance. Se replante.

Le chervis. — Bonne racine qui ne craint pas la gelée, et que l'on mange comme celle du salsifis et de la scorsonère. On la multiplie en mars et en septembre, par des éclats de pied ayant un œilleton, ou par la graine. Les feuilles périssent en automne, ce qui indique la perfection des racines. Le goût sucré de cette plante ne convient pas à tout le monde. On lui donne 12 à 15 centimètres de distance. On ne la sarcle qu'en temps sec; elle est quelquefois ligneuse.

La chicorée : *sauvage, frisée, scarole.* — La chicorée sauvage a deux variétés, la *commune* et l'*améliorée,* qui fournissent pendant l'hiver une salade très-saine que l'on fait blanchir sur place en la couvrant d'une couche de feuilles ou de litière sèches, de paille de pois, de gesse, etc. On obtient aussi, à la même saison, une salade très-délicate (la *barbe-de-capucin*) de pieds de chicorée sauvage arrachés d'octobre à Noël et placés à l'abri du froid et un peu de la lumière, par couches, entre des planches, dans du sable frais, le collet en dehors. On coupe toute la fane et le bout de la racine. Dans cette situation, les pieds donnent des feuilles blanches qui sont bonnes à couper un mois après. Les rats en sont friands et les rongent à mesure qu'elles poussent.

La chicorée sauvage améliorée donne une espèce de petite pomme : elle se sème de mars en juin : replanter. On sème la commune au printemps et à l'automne. Son produit est considérable, particulièrement au printemps. Guéret profond pour les deux et fumier. 30 centimètres de distance entre les pieds. Cette plante est précieuse pour le lapin.

La chicorée frisée : nombreuses variétés, de *Meaux*, d'*Italie*, de *Ruffec*, de *Rouen*, d'*hiver*, de la *Passion, mousse,* etc.

La scarole, *ronde, en cornet, à feuille de laitue,* etc.

On sème clair, pour consommer en février, le long d'un mur bien exposé, et partout jusqu'en juin, mais peu chaque fois, parce que cette plante monte promptement. Éclaircir, sarcler et arroser. Les plants laissés en place viennent plus vite ; on replante les autres, de 30 à 40 centimètres de distance, après avoir rogné les feuilles et la racine à moitié. Éviter d'enterrer le cœur, arroser.

De fin de juin à fin d'août, n'ayant pas à craindre que la chicorée monte, on en sème une plus grande quantité; elle sera bonne fin de septembre et en hiver. On plante, fin d'août, dans les terres fortes ou froides; dans les autres, fin de septembre.

La chicorée à moitié venue se conserve mieux pendant l'hiver. On la fait blanchir en la couvrant d'un carreau, d'une cloche ou de litière (ce dernier moyen lui communique souvent un mauvais goût); il vaut mieux, par un jour bien sec, la lier. On arrange d'abord les feuilles du cœur pour qu'il n'y ait ni confusion ni froissement; on relève proprement autour et dans leur ordre les feuilles extérieures, après avoir supprimé tout ce qui est rompu ou pourri; on lie en bas, et huit jours après, au milieu et en haut, de manière que l'eau ne puisse pénétrer jusqu'au cœur. On ne serre pas trop le lien du milieu pour que la touffe ne crève pas. Au bout de quinze ou vingt jours, la chicorée est blanche.

On arrose au pied avec le siphon et non sur la touffe.

La graine d'un an est la meilleure, les plants qui en proviennent montent moins vite.

Le chou. — Sept classes composées chacune

de plusieurs variétés : 1º chou *pommé*, 2º chou *sans pomme*, 3º chou *à racine charnue*, 4º *chou-fleur*, 5º chou *brocoli*, 6º chou *chinois*, 7º chou *maritime*.

1º Choux pommés : deux variétés, le *cabus* (à feuilles lisses), le *milan* (à feuilles frisées).

Choux cabus, par ordre de précocité : *cabbage*, *york* petit et gros, *bacalan*, *cœur-de-bœuf* petit et gros, *pain-de-sucre*, de *Poméranie*, de *Winnigstadt*, *nantais*, de *Hollande*, de *Brunswick*, *joannet*, *quintal*, *bonneuil*, de *Vaugirard*, rouge (pour salade).

Choux milan par ordre de précocité : de *Joulin*, d'*Ulm*, *court hâtif*, des *Vertus*, de *Pontoise*, de *Norwége*, à *grosses côtes*, de *Bruxelles* (ce dernier se sème en avril et mai).

On sème le cabus en mars et avril, et le milan, qui résiste mieux à l'hiver, surtout quand il n'est pommé qu'à moitié, en juillet et août; replanter en septembre et en octobre.

Toutes ces variétés de choux pommés sont plus ou moins bonnes et ne réussissent pas partout; quelques-unes ont le grave inconvénient d'occuper le terrain pendant la plus grande partie de la belle saison. Nous y avons renoncé, et nous ne cultivons plus que deux variétés de choux pommés, l'york pour l'été et le milan frisé pour l'hiver : l'york à cause de sa précocité et de son goût si délicat, et le milan frisé à cause de sa résistance à l'hiver. Nous faisons deux semis d'york, en mars et en juillet, qui nous fournissent tout le plant dont nous avons besoin pour les plantations que nous faisons tous les 15 jours. En septembre, nous faisons un dernier semis près d'un mur à bonne exposition pour planter au printemps : en septembre et octobre, nous plantons le plant de milan qui provient du semis de juillet et d'août. Nous avons ainsi en toute saison des pommes de chou à consommer, et nous ne perdons pas de terrain.

2° Chou sans pomme ou vert : *cavalier* ou *de vache* (c'est le meilleur), *branchu du Poitou, frisé du nord, caulet de Flandre, moellier,* etc. Les feuilles de ce chou sont comestibles lorsqu'elles ont été attendries par la gelée, et les jets qui, au printemps, poussent à la tige, lorsque la tête a été coupée, sont un bon manger.

Couper avec un couteau, et non casser, les feuilles, près de la tige, lorsqu'elles ont atteint tout leur développement ; n'en prendre jamais qu'une chaque fois.

Dans nos localités le chou cavalier, qui est le seul chou vert que l'on cultive, ne monte qu'a-

près plusieurs années, parce qu'on a le soin de
le semer et de le planter en lune ronde. Nous
en avons mesuré un pied qui avait 4 mètres de hauteur ; il était âgé de 5 ans et n'était
pas encore monté; on lui avait donné un sou-
tien. Depuis l'introduction du chou pommé,
cette race de chou vert s'est abâtardie.

Le chou vert, par son produit et sa rusticité,
est inappréciable pour toute espèce de bétail.

Semer de mars en juin pour replanter, quand
le plant est gros, en juillet et août. Ce chou
craint l'humidité.

3o Chou à tige ou racine charnue : *blanc,
jaune* ou *rutabaga, navet de Suède, rave blanc,
blanc hâtif, violet hâtif de Vienne.* Ces choux ré-
sistent aux gelées et remplacent les navets en
hiver.

Tous ces choux se sèment en place, de mai
en juin : le navet de Suède, meilleur que le rutabaga auquel il ressemble, se sème jusqu'en
juillet ; il se replante comme la betterave.

La graine de tous ces choux se conserve 4 ans.
On sème plus épais la graine qui est vieille.

4o Chou-fleur : *tendre, demi-dur, dur, le
maître* (demi-dur), *Saint-Brieuc* (demi-dur), *le
normand* (pied court), *nain hâtif d'Erfurt,* dur de
Hollande et d'*Angleterre.*

Le chou-fleur craint la gelée; à l'approche de l'hiver, on coupe les têtes formées et on les suspend en lieu sec.

On sème le tendre et le demi-dur en avril et mai et toutes les variétés en juillet ; on peut aussi semer en septembre à bonne exposition pour planter au printemps. Le dur pomme rarement pendant qu'il fait chaud.

5° Chou *brocoli, blanc, mammoth, violet,* branchu de Bordeaux (belle variété qui n'est pas encore bien fixée), noir (très-bon et très-précoce, donnant avant l'hiver).

Semer en mai et juin, replanter dès que le plant est fort. En faisant, dès juillet, plusieurs plantations successives de brocoli noir, on en a de l'automne à l'hiver.

De la tige du brocoli dont on a coupé la tête naissent des jets bons à manger.

6° Chou *chinois,* importé de Chine par l'abbé Voisin : bon légume, très-sain, difficile à obtenir.

Semer en avril et mai ; mettre en place quand le plant est fort.

7° Chou *marin,* bon légume que nous indiquons seulement parce qu'il est très-long à venir et exige des soins particuliers.

Avant de planter un chou, on examinera si le

cœur est bien formé et garni de petites feuilles :
ceux qui en sont dépourvus, qu'on nomme bor-
gnes, ne pomment pas. Les plants qui ont la
tige courte sont les meilleurs. On coupe la racine-pivot au niveau du chevelu et on enterre
toute la tige. Pour avoir des plants à tige courte,
on sème en ligne et clair.

On coupe avec un couteau les feuilles qui
jaunissent et paraissent malades : sauf ce cas,
on ne peut prendre des feuilles qu'aux choux
verts sans pommes.

Les gros choux veulent un mètre d'intervalle
entre les pieds ; les petits, tels que l'york, se
contentent de 40 centimètres.

La ciboule. — *Commune, cibe* : se multiplie
par graine ou par bulbe. La première est vivace, l'autre annuelle ; elles peuvent remplacer
l'échalote et l'oignon. On sème ou on plante la
vivace de février en août ; on plante l'annuelle
en février. La vivace reste quatre ans en place.
20 centimètres de distance entre les pieds. On
coupe en octobre les fanes de la vivace, et on
couvre le pied de terreau.

La claitone perfoliée. — Remplace l'épinard et l'oseille : semer au printemps.

Le cochet de balai. — Salade très-saine
d'hiver et de printemps. Son nom lui vient de

l'usage que l'on fait de sa tige montée pour
balayer les aires : croît naturellement dans
les terrains caillouteux et sableux. Semer en
août.

Le cochet rouge. — Bonne salade d'hiver
un peu dure ; se trouve dans les vignes. Semer
en août.

Le concombre. — *Blanc, jaune, vert, ser-
pent*. On le confit, quand il est petit, au vinaigre, et on le mange en salade quand il est gros
et avant qu'il soit mûr.

On pince, avec un couteau ou des ciseaux, le
bout de la tige après le deuxième œil ou nœud ;
on rogne les branches à 4 ou 5 yeux, et on
coupe les feuilles qui jaunissent. Semer aux environs de Notre-Dame de mars. Culture du
melon.

La courge ou citrouille. — Très-nombreuses variétés, les unes bonnes pour la cuisine, les autres pour le bétail, particulièrement
pour le porc. Celles que nous cultivons pour la
cuisine sont : la courge *sucrée* du Brésil, plus
petite mais meilleure que sa pareille du Chili ;
la *melonnette*, le *giraumon* et la courge *à la
moelle*, qu'on peut consommer pendant l'été dès
qu'elle est à moitié venue.

On cultive partout des courges pour le bétail

qui sont généralement très-grosses et à chair épaisse.

Il y a aussi plusieurs variétés de courges que l'on cultive pour la singularité de leur forme : la courge *pèlerine* sert à renfermer des graines et même des liquides (on connaît la gourde du soldat et du pèlerin); l'*orange*, qui imite le fruit dont elle porte le nom ; la courge *à long cou*, dont on fait un entonnoir ; la courge *cuyotte*, petite sphère allongée, propre, comme la courge pèlerine, à renfermer des graines. Une de ces courges (le bonnet-de-prêtre) est assez bonne à manger en friture.

On doit cultiver ces courges loin des melons et des citrouilles comestibles pour éviter l'hybridation.

Les courges formées aux environs de la Madeleine, 22 juillet, ont le temps de bien mûrir et se conservent bien en lieu sec. On consomme de bonne heure celles qui viennent plus tard.

Culture du melon. On laisse 2 mètres d'intervalle au moins entre les pieds, et on tient le terrain aussi propre que possible.

La graine est bonne pendant 4 ou 5 ans. Pour hâter sa germination, on la fait tremper dans de l'eau de suie pendant quelques heures.

Le cresson.— *De fontaine, de jardin, de prés.*

— Tout le monde connaît les qualités de cette plante, que l'on mange avec ou sans assaisonnement.

Le cresson de fontaine est le meilleur : il croît naturellement dans les courants d'eau vive. Débarrassé des herbes qui l'étouffent ordinairement et fumé ou terreauté, il acquiert un développement extraordinaire et une qualité parfaite.

Dans les localités privées de courants d'eau vive, on peut établir une cressonnière dans un trou au-dessous de l'évier, ou encore dans des caisses de 20 centimètres de profondeur percées au niveau du fond et sur chaque côté d'un trou que l'on ferme avec une cheville. On remplit ces caisses à moitié de bon terreau, et on y plante du cresson que l'on couvre aussitôt de 2 centimètres d'eau. On entretient ce niveau, et on renouvelle l'eau de temps en temps en ouvrant les trous. On rentre ces caisses aux approches des gelées.

Le cresson de jardin se multiplie de graine, qui lève ordinairement fort vite, et que l'on sème tous les quinze jours, afin d'avoir toujours des feuilles tendres, qui sont meilleures.

La doucette. — Bonne salade d'hiver qui

se mêle bien au cochet de balai, au pissenlit et au cochet rouge.

Deux variétés : la *petite*, qui vient naturellement, et la *grande,* que l'on cultive. Le goût de la petite est préféré.

Semer en août et septembre avec précaution, sans couvrir la graine : on laisse des porte-graines. La grande doucette s'abâtardit bientôt si elle n'est pas cultivée. Arroser fréquemment jusqu'à la levée.

L'échalote. — Deux espèces, l'échalote *commune* et l'échalote-*oignon*. La première est délicate et difficile à faire venir ; l'autre est rustique et réussit partout. Cette dernière comprend deux variétés : l'échalote-*oignon*, qui ne vient pas plus grosse que l'échalote commune, et l'échalote-*patate*, qui ne donne jamais de graines, comme les autres, mais deux sortes de bulbes, les unes grosses comme l'oignon, et les autres petites comme celles de l'échalote commune. Replantées au printemps, les petites bulbes donnent de jolis oignons ; les grosses en produisent de leur grosseur et quelques petites autour du même pied. Cette échalote-patate se conserve bien, monte très-tard et remplace l'oignon, dont elle a le goût. On favorise la maturité et la grosseur des bulbes que l'on veut conser-

ver pour l'hiver, en n'en laissant que quelques-
unes à chaque pied, et on consomme à fur et à
mesure celles que l'on détache.

Multiplication par semis des espèces et variétés qui donnent de la graine, mais mieux, pour
toutes, par bulbes ou caïeux à 20 centim. de
distance et à 30 centim. pour l'échalote-patate.
On choisit les plus déliées et les plus allongées
et on les plante à fleur de terre. L'échalote ordinaire aime particulièrement le terrain neuf ou
amendé de débris de démolitions, le voisinage
des murs, et craint l'humidité. Le billon lui
convient comme à toutes les plantes bulbeuses.

On ranime les pieds d'échalote qui languis-
sent en les déchaussant le plus tôt possible, et
en les entourant de terre ramassée près d'un
mur, de terreau mélangé d'un peu de marne
ou de débris de démolitions.

En juillet, on arrache l'échalote par un beau
temps ; on la fait ressuyer au soleil et on la porte
au grenier.

L'énothère. — Sa racine est comestible et
ne craint pas la gelée. Semer en avril ; replanter en guéret profond.

L'épinard. — *Commun, de Hollande, de
Flandre, d'Angleterre, laitue, oseille.*

Semer souvent de février en octobre. Quoi-

qu'il monte facilement en été, il donne néanmoins un bon produit jusqu'à ce qu'il fleurisse.
Les derniers semis gèlent quelquefois, mais re-
poussent au printemps et donnent avant les semis que l'on fait à cette époque. L'épinard se
replante. On le couvre de litière pendant l'hiver.
Au printemps on nettoie les pieds. Sarclage
fréquent.

On mélange la graine avec du terreau et on
ne la couvre que le lendemain; on la presse avec
le dos de la houe et on l'arrose. Elle se conserve
3 ans.

L'estragon se multiplie ordinairement par
éclats de pied enracinés que l'on plante au printemps, lorsqu'il commence à pousser. On coupe
les tiges après la Toussaint, en ayant le soin de
ne pas les arracher, et on couvre le pied de
terreau.

Pour avoir de l'estragon en hiver, on en
plante, vers la Toussaint dans des pots que l'on
rentre. On sème la graine dès qu'elle est mûre,
parce qu'elle se dessèche rapidement.

Il est bon de le renouveler tous les trois ans.

La fève. — Plusieurs variétés, dont la meilleure pour le jardin est la fève à *longue cosse*.
Cette plante semble ne pas épuiser le terrain.

Semer d'octobre à mi-mai. Butter les pieds

et couper avec des ciseaux, avant la floraison, l'extrémité des tiges, qu'on peut mêler avec les salades, quand elles n'ont pas de poux.

Afin de prolonger l'usage de ce légume, on peut couper en mai ou juin les pieds qui ont donné les premiers : ils rapporteront en août et septembre.

Les fèves semées trop tard coulent facilement et sont ordinairement dévorées par le puceron. On sauve le pied en coupant tout ce qui a été envahi, et on le fait brûler.

La fève à longue cosse dégénère en mauvais terrain : il faut renouveler la graine tous les ans.

Le fraisier. — Très-nombreuses variétés, sans cesse augmentées par les semis, à *filets* et sans *filets*. Les plus répandues sont la fraise *des bois*, la fraise-*abricot*, la fraise *des Alpes* et le *buisson de Gaillon,* qui ne file pas.

Multiplication par filets enracinés ou éclats de pied au printemps, mais mieux en septembre et octobre, et par semis en avril et en septembre en abritant la graîne sans la couvrir. Arrosage fréquent. Chaque année on renouvelle les fraisiers par quart, et on supprime, avec des ciseaux, les feuilles mortes et les filets qui épuisent les pieds.

Les pieds plantés près d'un mur à bonne exposition donnent des fruits plus tôt.

On ne laisse que 4 ou 5 fleurs à chaque tige, et on coupe celles de l'extrémité.

En entourant le pied de fraisier de mousse, on y entretient la fraîcheur et on est dispensé de laver les fruits, qui ne perdent rien de leur parfum.

Le ver blanc ou turc est le grand ennemi du fraisier. Sa présence se manifeste par l'altération des feuilles. On arrache le pied en motte et on cherche le ver du côté le plus languissant : c'est là qu'on le trouve ordinairement lorsqu'on agit sans retard. On peut replanter le pied en ayant le soin de rogner à moitié les racines qui ont été découvertes. On peut encore déchausser le pied avec précaution et suivre la galerie que le ver a creusée. Il suffit d'un ver pour ruiner un grand nombre de fraisiers.

La gesse. — Deux variétés : l'une à fleur *blanche*, l'autre à fleur *bleue et rose*. Bonne légumineuse d'un produit assuré et d'une digestion facile. Elle n'est pas cuisante dans les terrains qui contiennent de l'argile et, comme le pois, la fève et la lentille, elle préfère le billon.

La bruche ou cosson s'y loge comme dans le

4

pois : on la fait sortir en trempant la gesse dans de l'eau froide, où on l'agite.

Semer de Noël aux Rois : c'est le meilleur moment.

Le haricot. — Très-nombreuses variétés : à grain *rouge, noir, blanc, jaune, marbré,* les unes *naines,* les autres *grimpantes.*

Principales variétés :

Haricots nains à parchemin : *suisse, flageolet* (blanc, vert, nain hâtif), *jaune, noir, sabre nain, soissons nain,* etc.

Haricots-nains sans parchemin ou mange-tout : d'*Alger, beurre blanc,* de *Canada jaune,* de *Chine jaune, blanc, princesse, noir* (ce dernier n'est bon à manger que vert), etc.

Haricots grimpants à parchemin : *sabre,* de *Soissons,* etc.

Haricots grimpants sans parchemin ou mange-tout : *beurre noir, beurre blanc, de Prague, prédome, princesse, sabre noir,* etc.

Planter à 20 centim. de distance, en avril et mai, pour récolter en vert et en sec, et jusqu'en août pour récolter en vert seulement. On préfère pour ces derniers semis le suisse et le flageolet.

On soutient les tiges des haricots grimpants par des rames effeuillées ou des perches que

l'on met entre deux lignes ; on peut encore semer un rang de haricots grimpants sur les deux
côtés d'une allée, et on plante dans chaque rang
des perches flexibles dont on fait joindre l'extrémité supérieure ; on a un berceau de verdure
qui réunit l'utile à l'agréable et donne un produit considérable au-dessus d'un terrain qui ne
rapporte rien. Nous avons vu des pieds de maïs
servant de supports à des haricots grimpants ;
ni les uns ni les autres ne paraissaient souffrir
de ce voisinage.

Les haricots nains se sèment en lignes isolées.

A la dernière façon que l'on donne avant
l'épanouissement des fleurs, on chausse et on
butte les pieds et on relève la terre en cordon ou
petit talus à 20 centim.

On ne cultive point le haricot lorsque ses
feuilles sont mouillées, et quand on récolte en
vert, on prend toujours les cosses les plus an-
ciennes pour ne pas s'exposer à arrêter la production. Si on attend trop longtemps, les grains
grossissent et sont moins bons à manger, et la
plante s'affaiblit. Il vaut mieux couper la queue
des cosses avec des ciseaux que de la détacher
avec la main, pour ne pas ébranler et quelquefois casser les montants.

On réserve pour graine quelques pieds aux-

quels on ne prend que les gousses les plus
élevées, et on les suspend en lieu sec quand ils
sont bien mûrs.

Avant les gelées, on cueille les gousses vertes
des haricots sans parchemin, on les fait sécher
au four et on les conserve en lieu sec dans des
poches de papier, ou on les confit au vinaigre
ou au sel.

Le grain du haricot se conserve longtemps
pour semence, mais comme comestible il n'est
bon qu'un an.

L'igname de Chine. — Bonne racine très-
féculente qui ne craint pas la gelée. Il se reproduit par des morceaux de racine garnis d'un
œil au moins.

Planter en mars et avril en lignes à 40 centim.
de distance. En laissant l'igname en place pendant 3 ans, on obtient dans les terrains profonds
et substantiels des racines d'une longueur et
d'une grosseur extraordinaires.

La laitue. — Deux variétés, l'une à pomme
ronde, l'autre à pomme *longue* ou chicon ou
romaine.

Laitues à pomme ronde du printemps : à *bord
rouge*, *gotte* à graine blanche et à graine noire,
lente-à-monter, etc.

Laitues à pomme ronde d'été et d'automne :

batavia, blonde, frisée, royale, de *Naples, grosse brune, impériale, palatine, turque, sanguine,* etc.

Laitues à pomme ronde d'hiver : *brune d'hiver, morine, Passion,* à *couper,* etc. Précautions contre la gelée.

Laitues à pomme longue, ou chicon : *verte, grise, blonde, sanguine, verte d'hiver,* etc., pour l'été principalement.

On ne jouit véritablement de ces dernières qu'en été.

Pour augmenter le volume et la blancheur du chicon, on en lie le haut.

Semer la laitue de Notre-Dame de mars à Notre-Dame de septembre, pour replanter : celles qu'on laisse en place pomment plus tôt.

Les feuilles de laitue montée peuvent remplacer l'épinard.

La lentille. — Deux variétés, la *grosse* et la *petite.* Semer clair des Rois à Notre-Dame de mars. Couper les tiges avec précaution avant l'entière maturité des cosses et les battre sur un linge. Cette précaution dispense du triage que la petitesse du grain rend assez difficile.

Le melon. — Très-nombreuses variétés : à chair *blanche, verte, jaune, rose, orangée, rouge,* d'été et d'hiver. On distinge parmi ces variétés le melon *sucrin, ananas,* de *Honfleur* (le plus gros),

4.

de *Malte*, *maraîcher*, *cantaloup* (le meilleur), d'*Alger*, *fronsadais*, des environs de Libourne (Gironde), très-rustique et réussissant mieux que les autres, etc. Toutes les variétés à fruit long peuvent donner des melons d'un poids considérable.

Dans notre longue pratique, nous avons essayé, en mauvais terrain, il est vrai, toutes les manières de cultiver le melon qui nous ont été recommandées par d'habiles jardiniers et par les livres : aucune ne nous a réussi. Voici celle que nous nous sommes faite et qui nous a toujours donné, que l'année ait été sèche ou humide, une grande quantité de beaux et bons fruits, presque sans arrosement.

Dès que le dernier melon a été cueilli, nous couvrons le terrain de fumier d'écurie, de lapin, de poule et de pigeon : nous bêchons à gros billons et nous y semons pois, gesse, fève, sarrasin, lupin, pesille et farouch. Avant les gelées, nous enterrons à billons toutes les tiges de ces plantes. Vers la Notre-Dame de mars, nous remplissons la rège (le sillon) des premiers fumiers et nous encrêtons, c'est-à-dire que nous couvrons ce fumier avec la moitié des billons qui sont à côté et nous laissons un cavaillon. Nous passons le râteau sur la crête et nous y semons à la volée la graine de melon aussi épaisse que les

fèves en plein champ. Nous couvrons ces graines
en recurant le fond, et nous passons le râteau.
Quand les melons sont nés, nous arrachons
ceux qui sont sur la cime du billon et nous
éclaircissons ceux qui se trouvent sur les côtés.
Nous semons autour de ces pieds, à 2 ou 3 centim. de distance, une couche de terreau bien
mélangé de fumier de lapin, de poule et de pigeon, que nous couvrons de terre meuble
dont nous chaussons le pied. On étête le pied
de melon dès qu'il a 4 feuilles. Cette opération
consiste à couper, avec des ciseaux, le bouton
qui forme l'extrémité de la tige, et a pour effet
de faire pousser des branches mères. Deux ou
trois jours après, nous guérétons la rège, nous
la remplissons, aussi haut que possible, jusqu'à
2 ou 3 centimètres du pied de melon, de fumier
de porc, auquel nous ajoutons un peu de fumier
de lapin, de poule et de pigeon, et nous nivelons
le terrain en ayant l'attention de ne pas ébranler les racines.

Plus tard, nous rognons les branches mères
au sixième nœud.

Dès qu'un fruit est bien noué et assez gros,
on coupe avec des ciseaux à 2 nœuds plus loin
la branche qui le porte, et on ne laisse qu'un
fruit à une branche.

On met assez d'intervalle entre les pieds pour qu'on puisse circuler autour : 1 m. 50 centim. environ.

Supprimer, au milieu du jour, avec des ciseaux, les fruits mal conformés, ceux qui ont une queue longue et effilée, à moins que le pied n'en ait pas d'autre, les feuilles malades et les petits melons tardifs que l'on peut confire au vinaigre comme le cornichon : arracher les mauvaises herbes sans déranger les branches ni toucher les fleurs.

On arrose avec le siphon, le soir et le lendemain matin, les pieds de melon dont les feuilles se sont inclinées pendant le jour. Un demilitre suffit par arrosement. Moins les melons sont arrosés, plus ils sont bons.

Dès que le melon a atteint sa grosseur, on le place sur un carreau pour faciliter et perfectionner sa maturité qui, dans les années ordinaires, est complète 40 jours après la formation du fruit.

Un melon est bon à cueillir lorsque la queue (pédoncule) semble se détacher du fruit, lorsque l'extrémité opposée à la queue cède à la pression du doigt, à l'odeur qu'il répand (il ne faut pas attendre qu'elle soit forte), et à sa couleur jaune.

Le matin et le soir sont les moments où l'on cueille les melons. Quelques personnes les mettent dans de l'eau fraîche. Il semble que cette précaution, bonne pour rafraichir le melon, altère la bonté de la graine.

Les melons cueillis avant d'être mûrs et ceux qui ont le goût de courge font d'excellent potage au riz.

Nous croyons pouvoir conclure de notre longue expérience que la graine de melon que l'on récolte est meilleure et réussit mieux que celle que l'on achète. On la fait sécher à l'ombre avec toutes ses adhérences et on la conserve dans de l'étoupe : elle est bonne 4 ans.

Le melon d'eau ou pastèque. — Plein d'un jus très-frais dont le goût ne convient pas à tout le monde. Culture du melon ordinaire.

Le melon d'Espagne. — Très-rustique. On fait avec ce melon deux espèces de confitures : l'une, à bon marché, avec du moût de raisin; l'autre, plus coûteuse, avec du sucre. On y mêle aussi des poires.

Le melon d'hiver. — Nous avons conservé ce melon jusqu'en décembre sur la cheminée de la cuisine. Goût et culture du melon d'été.

La melongène.—(Voir l'*Aubergine*, page 39.)

La moutarde à feuille de chou. — Remplace l'épinard : semer en juillet.

Le navet. — Nombreuses variétés : *des Vertus, rose du Palatinat, gros long d'Alsace, de Fréneuse, rond de Croissy, rave d'Auvergne, turneps, blanc plat hâtif, rouge plat hâtif, blanc plat très-hâtif, rouge plat très-hâtif, de Norfolk, jaune de Hollande.*

Le navet exige plus de guéret et d'ameublissement du terrain que d'engrais : il préfère le terreau au fumier : ce dernier le rend véreux quelquefois, surtout en saison chaude.

Semer de mars en août (les premiers navets ne sont pas si bons et montent facilement), sans couvrir la graine, sur laquelle on passe le râteau. Éclaircir de bonne heure.

Les variétés turneps sont préférées pour la cuisine : elles ne craignent pas la gelée.

L'ennemi du navet est le tiquet ou lisette, qui perce les feuilles et les dévore. Le temps le plus critique est celui où le navet n'a que ses feuilles séminales : il est sauvé quand il a poussé ses grandes feuilles. On se débarrasse du tiquet en répandant de la cendre et de la suie, à la rosée, sur le navet.

Avant l'hiver on arrache les variétés qui sont

sensibles à la gelée ; on tord la fane, et on les rentre en lieu.

L'oignon. — Nombreuses variétés *rouges*, *jaunes* et *blanches.*

Variétés rouges : *pâle ordinaire*, de *Strasbourg*, de *Niort*, de *Saint-Brieuc*, de *Mézières*, *foncé*, *noir* de *Brunswick*, de *Madère*, de *Tripoli*, d'*Italie*, de *Salon*, de *Trébons*, *corne-de-bœuf*, *piriforme*, etc.

Variétés jaunes : des *Vertus*, de *Cambrai*, de *Lescure*, d'*Anvers*, d'*Espagne*, etc.

Variétés blanches : *gros*, de *Valence*, de *Paris*, de *Nocéra*.

Le meilleur semis est celui que l'on fait de Notre-Dame d'août à Notre-Dame de septembre : on a ainsi de beau plant à mettre en place, quand on le veut, au printemps, et les oignons sont venus en juillet : on les rentre en lieu sec après les avoir fait ressuyer pendant deux ou trois jours. Ils se conservent bien suivant l'espèce.

On peut semer à la fin de février en terre légère, à la fin de mars en terre forte, et en août pour repiquer en octobre et replanter au printemps.

Couvrir légèrement la graine de terreau et de marc de raisin que l'on tasse avec le dos de

la houe. La graine lève au bout de trois semaines. Arroser.

L'oignon aime le terreau plus que le fumier
et craint l'humidité et la gelée. On garantit le
plant par des abris. Désabriter en beau
temps.

On peut avoir des oignons ou des tiges d'oignons bons à manger de bonne heure, en plantant de suite après les gelées des oignons qui
ont poussé, des échalotes-oignons, page 56,
et aussi en semant épais à la Notre-Dame
d'août. On n'éclaircit ni on ne mouille le plant,
on enlève seulement les mauvaises herbes. Au
printemps on prend dans ce semis le plus beau
plant pour replanter, et celui qui reste sert à la
cuisine. On l'arrache en éclaircissant lorsqu'il
est gros comme une noisette.

Plier la tige de l'oignon quand il a atteint sa
grosseur. Laisser ressuyer au soleil après l'arrachage et rentrer en lieu sec. L'humidité fait
grand tort à l'oignon. Au bout de quinze jours
on l'épluche, on lui ôte toute sa terre, les pel-
licules qui se détachent et les racines.

On obtient de la graine d'oignons en en replantant quelques-uns lorsqu'ils commencent à
pousser. Toutes les variétés d'oignons sont at-
taquées par un petit ver blanc qui est assez

commun dans les terres légères et dans les années sèches. Ces insectes sucent et rongent le pied. On ne connaît de remède contre eux que de faire des semis et des plantations en plusieurs endroits du jardin.

L'oignon d'Égypte ou rocambole. — Ne donne pas de graine; il se reproduit par des bulbes ou petits oignons qui poussent à l'extrémité de la tige, et que l'on nomme rocamboles.

De février en avril, planter les oignons qui produiront des rocamboles, et des rocamboles qui donneront des oignons.

Arracher en août ordinairement; laisser ressuyer au soleil et serrer en lieu sec. Cet oignon se conserve bien et remplace les autres, comme la rocambole l'ail. Très-rustique.

L'oseille. — Plusieurs variétés, dont les meilleures sont l'oseille à *larges feuilles*, l'oseille-*patience*, qui se sème de soi-même, et l'oseille *vierge*, qui ne monte pas aussi facilement que les autres.

De Notre-Dame d'août à celle de septembre, multiplication par éclats de pied ou par semis, faite avec précaution en terrain bien ameubli à cause de la ténacité de la graine. Grand produit. Nous coupons toutes les feuilles d'un pied à la fois, d'autres les arrachent à mesure. La graine dure deux ans.

L'oxalis crenata. — Cette plante ne mérite ni le bruit qu'elle a fait ni l'oubli dans lequel elle est tombée.

Trois variétés, la *jaune*, la *rouge* et la *blanche*.

Planté et cultivé en bonnes conditions, un pied d'oxalis produit un nombre considérable de petits tubercules qui fournissent un aliment sain, d'une saveur un peu acide, que l'on fait à peu près disparaître en jetant la première eau quand ils sont cuits aux trois quarts.

L'extrémité des tiges, que l'on peut couper, sans nuire à la plante, quand elles ont atteint leur longueur, remplace l'oseille.

Planter en avril et en mai à 1 mètre de distance.

Pour que les tubercules se forment, il faut que les tiges soient enterrées : aussi, dès que celles-ci ont 10 centimètres de longueur, après un bon sarclage autour du pied, on les étend sur le sol et on les couvre de bon terreau jusqu'à 2 ou 3 centimètres de leur extrémité : à mesure que les tiges s'allongent, on continue à les couvrir jusqu'en septembre, époque de la formation des tubercules. Avant les gelées, on couvre le pied de feuilles sèches, de litière ou de fumier. Les tubercules se conservent bien en terre et y mûrissent.

Le panais. — *Long* et *rond*, plus hâtif : culture de la carotte : guéret très-profond : semer épais de février en juin : se sème aussi de soi-même; parvenu à la moitié de sa grosseur, il devient ligneux : on l'arrache quand il a perdu ses feuilles et on le serre en lieu sec. La graine n'est bonne que pendant un an.

La pastèque. — (Voir *Melon d'eau*, page 66.)

La patate douce. — Cette plante exige des soins si particuliers et si assidus pour sa germination, qu'il est préférable de demander à un marchand grainier des jets que l'on plante en mai à 65 centimètres de distance et que l'on abrite du soleil jusqu'à la reprise. Arroser jusqu'en août. On peut, à cette époque, commencer à détacher du pied quelques tubercules. Récolter en octobre ; laisser ressuyer au soleil et rentrer en lieu sec.

Le persil. — *Commun*, *frisé*, *nain*, de *Naples*, de *Windsor*. Semer en février ou laisser des porte-graines.

La picridie cultivée. — Se coupe plusieurs fois pour salade. Semer en mars et en septembre.

Le pied-de-mulet. — Salade bonne en février et mars. Sa feuille ressemble à celle du cresson. Croît naturellement dans les vieilles haies. Semer au printemps et à l'automne : abriter.

Le piment. — *Rouge de Cayenne, jaune, doux, monstrueux, tomate, du Chili, cerise, violet.* On mange le piment vert comme le radis et on le confit comme le cornichon. Semer en avril ; replanter.

Le pissenlit. — *Commun, à feuilles larges, à cœur plein.* Excellente salade d'hiver. Le pissenlit commun croît naturellement dans les prés : semer au printemps et à l'automne, et couvrir les pieds de litière sèche, pour les faire blanchir.

Le poireau *long de Paris, gros de Brabant, gros court, gros jaune du Poitou, court de Rouen* (très-gros). Le court est moins sujet aux vers, le long produit davantage.

Semer en mars et avril, et en juillet pour laisser en place et replanter en septembre. On plante, en le couchant dans une rigole profonde, à 15 centimètres de distance, le plant du poireau long provenant de l'éclaircissement, lorsqu'il est gros comme le tuyau d'une plume à écrire, et après avoir rogné les feuilles et les racines. Arroser jusqu'à la reprise. Pendant l'été on coupe les feuilles pour faire grossir le pied. A mesure que le poireau s'allonge, on creuse à côté une rigole dans laquelle on le couche et on le couvre de terre. Le poireau ne craint pas la gelée, mais, dans les pays très-froids, on fera bien de l'abriter.

Le poireau a pour ennemi un petit ver qui s'établit d'abord à l'œil et descend, en dévorant la tige, jusqu'au collet des racines. On reconnaît facilement sa présence à l'aspect languissant de la plante. Pour arrêter ses ravages, nous coupons de suite la portion attaquée de la tige. Si le ver arrive aux racines, le poireau est perdu.

On plante le poireau épais, et on éclaircit à mesure des besoins en prenant un pied entre deux.

En replantant le poireau au printemps, on en retarde la montée.

La graine est bonne pendant 2 ans.

La poirée ou bette ou joute *blonde commune, blanche, verte, rouge et jaune du Brésil, à cardes.* La verte n'est pas aussi bonne que les autres, mais semble résister mieux à la gelée. La poirée à cardes est la meilleure.

On prend les plus belles feuilles ou on les

rase toutes à la fois, pour en avoir de plus tendres.

Semer en place en mars et en septembre : éclaircir le plant à 20 ou 25 centimètres de distance. La poirée se replante. Elle craint la gelée et l'humidité. Avant l'hiver on rase le pied et on le recouvre de fumier.

Le pois. — Très-nombreuses variétés, les unes précoces, les autres tardives, divisées en pois *nains* ou *bassets*, et en pois *grimpants* ou à *rames*. Quelques-unes portent des cosses sans parchemin que l'on mange avec le grain et qui, pour cela, sont nommées *mange-tout ;* les cosses des autres sont parcheminées et ne peuvent être mangées. On rencontre souvent dans les semis de pois des pieds qui donnent des fleurs violettes ou rouges, et dont le grain fait un bouillon noirâtre : on doit les arracher dès qu'on les voit.

Pois nains à écosser : *l'évêque, anglais, de Hollande, à longue cosse, vert gros, sucré, ridé blanc, ridé vert*, etc.

Pois grimpants à écosser, *prince-Albert* (précoce, peu productif), *Daniel* (plus productif), *Michaux* (de Hollande, de Rueil, de Paris), d'Auvergne, de Clamart, de Cérons (Gironde, très-bon), etc.

Pois sans parchemin ou mange-tout: *breton, nain, hâtif, géant, ridé.*

Semer d'octobre en juillet, particulièrement de Noël aux Rois, en terrain qui n'en ait pas produit depuis trois ans au moins, à billons, autant que possible, surtout si on craint l'humidité de l'hiver.

Le pois semé dans le blé avant la Saint-Martin est plus précoce et résiste mieux à la gelée.

Dans notre mauvais terrain froid, inondé ou brûlé selon la température, nos semis à plat de pois, de gesse et de fève ne nous ont jamais donné la semence, tandis qu'à billons ils ont toujours parfaitement réussi.

On pique des rames effeuillées entre les pieds de pois grimpants pour les soutenir.

Semer clair : éclaircir les semis trop épais ; les pieds que l'on replante donnent peu, mais plus tôt. On se sert d'un verre pour les arracher.

Mêmes précautions que pour le haricot. Les fleurs nouent mieux lorsqu'on coupe l'extrémité des tiges.

Les pois semés d'octobre en avril pour récolter en sec sont moins sujets à être attaqués par la bruche ou cosson. On garde pour graine quelques-uns des pieds qui ont été semés à cette époque ; la graine se garde dans les cosses pendant trois ans.

Après la récolte, on passe au four, pour tuer la bruche, les pois que l'on destine à la consommation.

Le pois chiche *ordinaire, rouge.* Semer, selon le climat, en automne ou au printemps, à 50 centimètres de distance ; récolter en automne avant que les grains soient parfaitement mûrs ; cuisent mieux. On laisse quelques porte-graines.

On peut mêler au café, sans en dénaturer trop le goût, de la poudre de pois chiche grillé.

La pomme de terre. — Très-nombreuses variétés sans cesse augmentées par les semis. Nous ne cultivons que la *saint-jean* et la *schaw* (hâtives), la *vitelote* (pour friture), la *hollande* et la *parmentière* ou du *pays*. Cette dernière variété provient des tubercules qu'un homme de bien, M. de Lavalade, décédé à Saint-Morien, en 1804, avait reçus de M. Parmentier, et qu'il avait distribués à ses métayers de Ruscade : elle est très-rustique et très-productive, mais un peu tardive et moins farineuse que les autres.

Nous avons cultivé autrefois une variété remarquable par la grosseur de ses tubercules, dont la chair était noire et marbrée comme celle de la truffe. Le cultivateur qui nous l'avait donnée l'avait trouvée dans un coin de terrain où il avait jeté des fanes de pommes de terre. Cette variété, qui paraissait très-délicate, a été la première et la plus malheureuse victime de la maladie. Nous l'avons perdue.

Depuis quelques années, la pomme de terre réussit difficilement. La cause en est dans l'irrégularité des saisons, la maladie et la funeste habitude de planter la pomme de terre tous les deux ans dans le même terrain, et quelquefois sans fumier. On évitera la maladie en plantant en mars des variétés hâtives, la saint-jean, par exemple, que l'on récoltera en juin ou juillet (nous avons remarqué qu'ici la maladie ne s'est jamais montrée qu'en août et septembre), et on ne mettra que tous les trois ans des pommes sur le même terrain, qui aura ainsi le temps de se réparer.

Le billon convient particulièrement à la pomme de terre. On la plante sur les deux côtés, en croisant, à 1 mètre de distance, dans des gots ou trous que l'on remplit de terreau et de marc de raisin.

Les tubercules moyens sont les meilleurs

5.

pour la plantation. Avant de les planter, on aura soin de supprimer les jets qui ont poussé aux yeux, pour éviter que la pomme de terre ne fasse deux pousses : l'une précoce, des jets qui sont déjà développés; la seconde, plus tardive, des jets qui étaient à l'état de rudiment lors de la plantation. Ces deux végétations se contrarient et ne rapportent qu'un petit nombre de tubercules.

La pomme de terre exige trois façons de bêche au moins : on lui donne la première dès qu'elle est née, la deuxième avant la floraison ; à la troisième on butte le pied, et on jette sur le milieu une bigautée de terre pour incliner les branches. Éviter de déranger les racines.

Voici un moyen d'avoir des pommes de terre à consommer de bonne heure sans perdre de terrain. On plante quelques tubercules à 40 centimètres de distance, et lorsque ceux qu'ils ont produits sont assez gros, on arrache un pied entre deux. Ceux qui restent se trouvent à une distance suffisante.

On ne doit point fouiller à un pied pour prendre quelques tubercules ; on arrêterait sa végétation.

Arracher, en temps sec, les tubercules dès qu'ils sont mûrs : laissés dans la terre, ils pousseraient s'il survenait un temps humide, et ils seraient perdus : on les fait ressuyer au soleil, et on les met en tas à l'abri de la gelée, et autant que possible de la lumière : pour cela on les couvre de paille sèche. Il faut les remuer quelquefois pour les empêcher de germer et pour ôter ceux qui ont pourri ou sont atteints de la maladie : ces derniers peuvent être mêlés à la nourriture des porcs.

Le pourpier. — Deux variétés, l'*ordinaire* ou petite, la *dorée* ou grande. On laisse des porte-graines ou on en sème tous les quinze jours pour en avoir pendant toute la belle saison, et à une époque où presque toutes les autres salades sont montées. On enterre la graine en la hersant quatre ou cinq fois avec le râteau.

Le pourpier doré s'abâtardit promptement s'il n'est pas semé.

Le radis. — Nombreuses variétés (rondes et longues), roses, jaunes, rouges, violettes, grises, blanches et noires.

Semer du printemps à l'automne tous les quinze jours, et le noir et le violet en juin et en juillet. En bon terrain, le radis noir vient énorme. Terrain bien terreauté, que l'on tasse avec le dos de la houe avant de semer la graine du radis rond ; guéret profond pour le radis long et le raifort. Recouvrir légèrement la graine. Beaucoup d'eau.

(Les radis ronds semés sur terrain non tassé sont aussi bien venus que les autres.)

La raiponce. — On mange sa racine avec la doucette (mâche) et les autres salades d'hiver.

Semer en juin et juillet, un peu épais. On mélange la graine avec du terreau fin, et on commence à éclaircir lorsque le plant est gros comme le tuyau d'une plume à écrire. Beaucoup d'eau.

La rave. — *Rose longue, blanche à collet vert* ou *violet*, violette du *Mans*, etc. (Voir le *Navet*, p. 69.)

La rocambole. — (V. l'*Oignon d'Égypte*, p. 73.)

Le salsifis. — Cultivé et sauvage. Semer le salsifis, cultiver en lignes de février en avril (c'est le bon moment), et de juillet en août en terrain fumé longtemps d'avance et bien terreauté (ce dernier semis ne nous a jamais réussi) : guéret profond bien émottillé : couvrir légèrement la graine : arroser : passer légèrement le râteau, quelques jours après le semis, pour favoriser la levée : éclaircir à 10 centimètres.

Le salsifis sauvage, excellente salade d'hiver

et de printemps, croît naturellement dans les prés et dans les terres fortes cultivées, où les feuilles viennent plus longues, plus blanches et plus tendres. Cultivé, il perd en feuille ce qu'il gagne en racine.

La scarole. — (Voir la *Chicorée*, p. 45.)

La scorsonère. — N'est venue que la seconde année et se mange en tout temps, même lorsqu'elle est montée : on coupe les tiges lorsqu'elles montent. Culture et usages du salsifis : la scorsonère se sème d'elle-même.

La tétragone ou **épinard d'été.** — Ne monte pas : ses feuilles et les extrémités des tiges, qui ne cessent de se renouveler, remplacent l'épinard, dont elles ont le goût et les propriétés.

Semer en avril et en octobre, en place, à 60 centimètres de distance. Le semis d'octobre ne lève qu'au printemps.

La tomate. — Rouge, grosse, hâtive, rouge de Laye (qui se soutient elle-même). Semer au printemps, ou laisser sur le terrain quelques fruits que l'on enterre avant l'hiver. Les graines de ces fruits naissent au bon moment. La tomate se replante, mais les pieds laissés en place et abandonnés à eux-mêmes donnent des fruits plus beaux et plus hâtifs ; en palissant quelques pieds, on a des fruits jusqu'aux gelées. Couper l'extrémité des tiges et supprimer, avec des ciseaux, les branches faibles ; effeuiller peu à peu lorsque les fruits sont parvenus à la moitié de leur grosseur ; proportionner le nombre des fruits à la force du pied : à l'approche des gelées, cueillir les fruits à demi mûrs, et les placer sur une étagère dans la cuisine, où ils achèvent de mûrir.

On fait avec la tomate une confiture qui remplace le fruit.

Le topinambour. — Deux variétés, la *rouge* et la *blanche*; la première est préférable.

Cette plante a un léger goût d'artichaut dont quelques personnes s'accommodent, mais c'est surtout comme fourragère qu'elle est cultivée. Feuilles, tiges et racine, tout est utile dans cette plante : son produit est énorme et dépasse tous les autres, quels qu'ils soient.

100 pieds de topinambour, plantés et cultivés en bonnes conditions, à 1 mètre de distance, donnent de 8 à 12 hectolitres de tubercules (1).

_____

(1) Un de nos voisins a récolté 120 litres de tubercules de 5 pieds qu'il avait plantés sur le bord d'une chènevière. — Depuis 10 ans que nous cultivons le topinambour, nous avons toujours obtenu 100 litres par 8 à 12 p.eds. Il n'est pas rare de trouver 90 tubercules à un seul pied.

En été, les feuilles basses et l'extrémité de la tige principale, que l'on doit couper pour augmenter le rendement, et d'octobre en mai, lorsqu'il n'y a plus que de la nourriture sèche, les tubercules cuits ou crus, coupés à petits morceaux et mélangés d'un peu de son, conviennent à toute espèce de bétail, l'engraissent et augmentent d'un tiers la production du lait et du beurre. Les tubercules à moitié cuits font plus de bien au bétail à cornes.

Les tiges sèches d'un pied nous ont donné feu et flamme pendant dix minutes.

Les feuilles qui tombent sur le terrain l'engraissent et l'ameublissent, et toutes les plantes que l'on cultive sur le topinambour réussissent parfaitement.

De janvier en mai, on plante les tubercules, à billons, à 1 mètre de distance à grands gots (trous), sur terre ou fumier à demi consommé. Nous avons remarqué que le topinambour planté en lune ronde produit des tubercules plus ronds et moins chargés de ces subérosités qui en rendent le nettoyage si long et si difficile.

Un labourage en grande culture, un bêchage en jardin, lorsque la plante est née, et dans l'été un sarclage, voilà tout ce que le topinambour demande.

Quoiqu'on puisse se dispenser d'en mettre où il y en a eu une seule fois, il est préférable de le planter tous les ans. Les tiges qui, au printemps, poussent des tubercules qui sont restés en terre, sont arrachées et données au bétail.

C'est par excellence la plante des terrains nouvellement défrichés : son ombrage tue toutes les mauvaises herbes ; aussi l'avons-nous admise dans notre assolement triennal.

Le topinambour ne craint que l'excessive humidité : il aime le billon et le terrain léger. On peut néanmoins le cultiver en terre forte, à la condition de faire les trous plus grands.

On ne le donne au bétail qu'après que toute la terre qui y est attachée en a été séparée par le lavage, et on le coupe en petits morceaux. Le bétail en est si friand qu'il courrait le risque de s'étrangler, si on lui donnait les tubercules entiers.

Le porc n'aime pas les petites excroissances et les parties tachées de noir qui se trouvent sur les tubercules; on les coupe et on les donne au gros bétail. On réduit, pour le porc, les tubercules en une bouillie que l'on épaissit par un peu de son.

Dans les régions où les gelées ne sont pas

permanentes, on arrache le topinambour au fur
et à mesure des besoins ; dans les autres on le
serre, avant l'hiver, en lieu frais et on le couvre
de terre.

Depuis quarante ans que nous cultivons, nous
avons essayé un bien grand nombre de plantes,
la plupart du temps en pure perte. Depuis dix
ans que nous nous livrons à la culture du topinambour dans un mauvais terrain cadastré en
4ᵉ classe, nous le déclarons en toute sincérité,
nous n'avons pas trouvé une plante, une seule,
dont le produit puisse être comparé à celui du
topinambour.

Une *liée* (25 ares) rapporte 200 hectolitres de
tubercules : à 2 fr. l'hectolitre, voilà 400 fr. Le
même espace de terrain en blé rapporte au
plus 5 hectolitres, soit 100 francs.

Que messieurs les curés et instituteurs es-
sayent la culture du topinambour, et, après
s'être assurés du rendement de cette plante,
qu'ils la patronnent et la recommandent, ils
rendront un immense service à l'agriculture.

Depuis que nous avons admis le topinambour
dans notre assolement triennal, afin de détruire
les mauvaises herbes, contre lesquelles nous
avons lutté si longtemps en désespéré, car elles

nous ont toujours vaincu, et *depuis que nous mettons le fumier sous l'encret*, les mauvaises herbes disparaissent et le blé nous rapporte 20 pour 1.

ASSOLEMENT TRIENNAL. Époques de semence, 8 soles.

1	PRINTEMPS Pommes de terre.	1872	1	2	3	1	2	3	1	2
	Betteraves. Maïs.	1873	2	3	1	2	3	1	2	3
	PUIS AUTOMNE Blé.	1874	3	1	2	3	1	2	3	1
2	ÉTÉ Blé, Maïs.	1875	1	2	3	1	2	3	1	2
	Fourrage.	1876	2	3	1	2	3	1	2	3
	Raves.	1877	3	1	2	3	1	2	3	1
3	HIVER	1876	1	2	3	1	2	3	1	2
	Topinambour.	1879	2	3	1	2	3	1	2	3

LA BASSE-COUR.

———

> Industrie et travail sont nécessaires
> pour obtenir d'une basse-cour un pro-
> duit qui puisse amener l'aisance dans
> un petit ménage; mais cette industrie
> et ce travail sont un plaisir et une fête.
>
> (M. Dupont, secrétaire général de la
> Société d'Agriculture de la Gironde.)

Dans un certain nombre de localités rurales, on ne peut que difficilement se procurer la viande et l'assaisonnage nécessaires au ménage; dans les autres, il faut avoir continuellement l'argent *au bout des doigts*. Ceux qui connaissent la position des curés et des instituteurs savent que cet embarras n'est pas le moindre, et qu'il est la cause de bien des privations. Une basse-cour soignée fournira, à bon marché, la viande et l'assaisonnage pour la maison, et en même temps l'engrais pour le jardin. Les hôtes qui la peupleront feront plus que de donner du bénéfice ; ils animeront le presbytère et la maison d'école, et procureront au curé et à l'instituteur un délassement et une agréable distraction. Le jardin, pour peu qu'il ait d'étendue, peut facilement suffire aux besoins du bétail et du maître. Dans le cas contraire, ne peut-on pas affermer une pièce de terre où on cultivera de la luzerne en lignes, de la chicorée sauvage, des choux fourragers, des topinambours, du persil, des racines, quelques grains, etc., etc.?

Les hôtes de la basse-cour sont nombreux : que l'on choisisse parmi eux ceux que l'on peut soigner et nourrir facilement, et, afin de suffire à tout, qu'on s'adjoigne un enfant d'une dizaine d'années dont l'aide diminuera le surcroît de besogne. Les enfants de cet âge ne coûtent ordinairement que leur entretien.

Tout ce que nous allons dire des hôtes de la basse-cour est exact. Il n'en est pas un seul que nous n'ayons élevé.

La vache. — Une bonne petite vache bretonne produit plus qu'elle ne dépense. On la fera paître une heure ou deux le long des chemins ; le jardin fournira des topinambours, de la luzerne en lignes, qui donne tant de coupes, des choux fourragers, du farouch, du maïs-fourrage, des racines, etc. Que de pauvres familles qui gardent une petite vache n'ont pas autant de moyens de la nourrir ! Mais en supposant qu'on soit obligé d'acheter sa nourriture, on aura toujours, pour le moins, son fumier pour profit. Ce bénéfice n'est pas à dédaigner, puisqu 'il doublera le produit du jardin.

Dépense d'une petite vache bretonne.

	F.	C.
Foin	100	»»
Son, etc.	50	»»
Litière, pour mémoire.	»»	»»
Total.	150	»»

Produits.

	F.	C.
Un veau.	60	»»
6 Litres de lait, au moins. par jour pendant 150 jours (une partie de ce lait sera consommée dans le ménage, l'autre convertie en beurre dont on donnera le laiton aux porcs) à 15 cent. le litre.	130	»»
Croit de 2 porcs par le laiton.	60	»»
Fumier, pour mémoire.	»»	»»
Total.	250	»»
Produits	250	»»
Dépenses	150	»»
Bénéfice.	100	»»»

Qu'on augmente la dépense, qu'on diminue le produit, il y aura toujours du bénéfice.

La vache porte 9 mois et quelques jours.
Avant qu'elle mette bas, on la trait trois ou
quatre fois pour extraire de son pis des muco-
sités qui dégoûteraient le veau lorsqu'on le
ferait téter après sa naissance.

C'est une bonne précaution de laver à l'eau
tiède les trayons de la vache avant de la traire.

On trait ordinairement les vaches deux fois
par jour en été, le matin et le soir, et une
fois en hiver. Si on leur donne des topinambours, il faut les traire deux fois en hiver
comme en été.

Pour bien traire une vache, on doit toujours
soulever la tétine contre le remeuil, puis on
conduit la main du haut de la tétine jusqu'en
bas, ou on presse la tétine, après avoir appuyé
le pouce contre le remeuil pour faire venir le
lait.

La chaleur de la vache ne dure guère que
24 heures. Si on ne la conduit pas au taureau
pendant ce temps, la saillie sera retardée d'un
mois au moins.

Lorsque le veau est né, on le présente à la
mère pour qu'elle le lèche, ce qui le fortifie.
Pendant ce temps, on trait la vache et on lui
fait boire son lait.

On veille jusqu'à ce que l'arrière-faix soit

sorti, et on l'enterre pour que la vache ne le mange pas.

La partie postérieure du corps des vaches pleines doit toujours être plus élevée que le devant.

Un bon maître ne se couche jamais sans visiter son étable et présenter à boire à ses vaches, qui acceptent toujours. Cette attention leur épargne souvent une souffrance et augmente le rendement du lait.

En hiver, on donne l'eau sortant du puits ou amortie par un peu d'eau chaude, et dans un vase très-propre.

On coule, au travers d'un tamis ou d'une passoire à trous très-petits, le lait que l'on veut convertir en beurre, et on le verse dans des plats de faïence vernissée peu profonds, étroits du fond, larges d'en haut et très-propres. On ramasse la crème tous les deux jours et on la fait égoutter dans un linge que l'on suspend. Pour faire le beurre, on agite la crème, toujours dans le même sens, avec la main ou dans des barattes. On pétrit le beurre, quand il est fait, dans plusieurs eaux, jusqu'à ce qu'il n'y reste plus de laiton, et on le met en mottes en y ajoutant quelques grains de sel.

On fait égoutter le caillé qui reste dans le

plat après qu'on a pris la crème, et on le mange au sel ou au sucre.

Les fromages *gras* sont faits avec du lait non écrémé, et les fromages *maigres* avec du lait écrémé.

Pour le fromage gras, on fait *cailler* le lait en y mettant un morceau de *caillette*, substance que l'on trouve dans l'estomac d'un veau qui n'a pas mangé. On lave cette caillette, on la fait tremper pendant trois jours dans du vinaigre salé et on la fait sécher. On peut se procurer cette caillette préparée chez les marchands épiciers des pays fromagers, tels que le Limousin et l'Auvergne. On trempe dans un verre de lait un morceau de cette caillette, et on infuse ce lait dans celui que l'on veut convertir en fromage : dès que ce lait est caillé, on le met dans un vase en faïence, percé de trous, où il s'égoutte, puis dans une forme où on le presse en le chargeant d'un poids lourd. On ôte le fromage de la forme quand il est ferme, on le saupoudre de sel et on le place sur une claie pour le faire sécher.

La brebis et la chèvre. — Deux ou trois brebis ne sont pas très-embarrassantes, quoiqu'elles exigent des soins particuliers et un parcours clos, afin d'éviter les dégâts qu'elles ne manquent pas de faire quand elles sont libres. Leur nourriture est la même que celle du gros bétail.

La brebis peut être saillie à un an : c'est ordinairement vers le mois de juillet. Elle porte 5 mois, et l'allaitement en dure environ trois. Au bout d'un mois, on sépare les agneaux de leur mère par une claire-voie assez large pour le passage des petits, mais trop étroite pour les mères. On donne à ceux-là, dans leur compartiment, de l'eau et une nourriture choisie qui les fasse profiter et les habitue à celle qu'on leur donnera plus tard quand ils seront sevrés.

En été, on fait pâturer les brebis partout où il y a de l'herbe, excepté dans les endroits marécageux ou humides.

Elles ne sortiront qu'après la rosée, qui les expose au gonflement.

La pluie et la grande chaleur leur sont préjudiciables : il faut alors les laisser à la bergerie. Mais le pacage à l'air libre leur est absolument nécessaire, et on les y mène le plus souvent possible, même en hiver, quand le temps est beau.

La brebis boit peu : elle est malade si elle boit beaucoup. On doit alors mêler un peu de sel à sa boisson et à sa nourriture.

6

On engraisse le mouton à la bergerie avec une nourriture abondante et choisie, arrosée d'eau chaude mêlée d'un peu de son, ou cuite, comme celle que l'on donne aux porcs. Il aime particulièrement le seigle et le son.

De toutes les variétés de moutons, la première est, sans contredit, celle du mérinos, dont la laine l'emporte sur toutes les autres, par sa finesse, son abondance et son prix.

Il y en a deux, la grande et la petite.

Sous le premier empire, M. le baron de Poyféré, de Cère, ancien préfet et député, dont tous ceux qui l'ont connu conservent le souvenir comme celui d'un grand agriculteur et d'un homme de bien, a introduit dans son domaine de Cère, département des *Landes*, un troupeau de *petite* variété mérinos qu'il était allé chercher lui-même en Andalousie, déguisé en berger espagnol. Pour soutenir et fortifier cette race, qui sortait de grands pâturages, contre la stérilité du pays (les Landes) qu'elle allait habiter, M. de Poyféré prit le parti de donner trois mères nourrices à un agneau. On en tuait deux, dès qu'ils étaient nés, sur trois ; après les avoir dépouillés, on plaçait leur peau sur celui que l'on voulait conserver, et on le faisait adopter par les trois mères. Au bout de quelques

années, M. de Poyféré a obtenu une variété
dont la taille égale celle du *grand* mérinos, tout
en conservant la finesse de la laine du *petit*.
Nous avons vu une toison d'un mouton de
2 ans qui pesait 6 kilogrammes.

A un émissaire du roi de Prusse, qui lui offrait
6,000 francs d'un bélier et de deux brebis, M. de
Poyféré répondit : « Cette variété est française,
elle restera française. » Nous tenons ces détails
de M. de Poyféré lui-même, qui nous racon-
tait aussi qu'il avait acheté, avec le troupeau,
les deux chiens qui le gardaient : ils l'accom-
pagnèrent fidèlement jusqu'à la frontière de
France : là, ils s'arrêtèrent : ni caresses ni me-
naces ne purent les décider à aller plus loin ;
ils suivirent des yeux le troupeau jusqu'à un
détour du chemin, et s'en retournèrent.

Les grandes brebis donnent tous les ans deux
agneaux, souvent trois. On fait teter les agneaux,
quand il y en a trois, l'un après l'autre.

On tond les brebis au mois de mai : elles ont
ainsi le temps de se revêtir avant l'hiver. On
attend pour cette opération que le *suint ait
poussé ;* c'est une graisse qui se répand sur la
laine lorsque la nouvelle est sur le point de
sortir. Si on tondait plus tôt, la laine serait
moins bonne.

Ici on ne lave point les brebis la veille de la tonte comme on le fait dans quelques localités. La laine est toujours propre, si on a le soin de donner abondamment aux brebis de la paille pour litière.

On tond les brebis au soleil, de 8 heures du matin à 3 heures du soir. On les mène au champ avant et après la tonte.

Lorsqu'elles sont tondues, on les frotte avec la main d'une pommade faite, sur la cendre chaude, de suif et d'huile d'olive. Cette pommade facilite la croissance, la finesse et l'épaisseur de la laine, et guérit promptement les écorchures.

Il y a trois espèces de laine dans une toison : la *laine prime*, que l'on prend sur le dos et le cou ; la *seconde*, qui couvre la queue et les cuisses ; la *tierce* est celle de la gorge et de dessous le ventre. La laine qui est au centre des flocons est la meilleure.

Pour préparer la laine, on la fait tremper dans un bain composé de trois quarts d'eau claire, un peu plus que tiède, et d'un quart d'urine, autant de temps qu'il en faut pour que la graisse ou suint s'en détache. Ensuite on la tire du bain et on la lave jusqu'à ce qu'elle soit bien propre ; on la fait sécher à l'ombre et on la bat sur une claie. Cette dernière façon, qu'on ne doit pas ménager, la rend plus propre encore et plus douce. On l'épluche avec soin, et on la graisse avec de l'huile de colza ou d'olive. On l'étend, on l'asperge légèrement d'huile, et on la manie afin que tous les brins soient humectés. Trop d'huile gâterait la laine.

Quand la laine est bien sèche, on l'enveloppe dans du papier pour la mettre à l'abri des mites, et on la conserve en lieu sec.

Le fumier de brebis est le meilleur de tous.

La chèvre. — N'est bonne que dans les lieux incultes et couverts de broussailles. Son lait, plus abondant que celui de la brebis, ne sert qu'à faire du fromage. La chair de ses chevreaux égale celle de l'agneau, et on fait avec son poil une étoffe grossière que l'on nomme *camelot*.

La chèvre craint le fumier. On la cure tous les jours.

Le porc. — Nombreuses variétés : la limousine est la meilleure, elle réunit toutes les qualités des autres.

Le porc est la fortune du pauvre ; il a donc sa place dans la basse-cour du curé et de l'instituteur rural. Ceux qui se rendent compte de leurs dépenses, savent ce qu'il faut d'argent pour remplacer, en partie seulement, ce que le

6.

porc fournit pour toute l'année, par sa viande
confite et salée et sa graisse, à un ménage. A la campagne, il n'y a de réellement
pauvre que celui qui ne peut engraisser un
porc.

La viande d'un porc que l'on élève et qu'on
engraisse ne revient qu'à la moitié du prix
qu'elle coûte achetée en foire ou sur les bancs,
et sa graisse est bien préférable, ne fût-ce
que parce que l'on sait comment elle a été faite
et d'où elle vient.

On nourrit le porc de toute espèce d'herbes
crues, ou cuites dans les eaux grasses de la cuisine, auxquelles on mêle toujours un peu de
son. Pendant tout ce temps on peut lui donner
du lait et du laiton, dont on le sèvre peu à peu
avant l'engraissement. Au commencement de
l'engraissement, on compose sa nourriture de
topinambours, de betteraves, de carottes, de
raves, de citrouilles, de quelques pommes de
terre et de son, que l'on fait bien cuire et que
l'on réduit en pâtée au moyen d'un pilon. On
finit par ne plus lui donner qu'une pâtée de
pommes de terre, de son et de farine de riz, de
seigle, de maïs, etc. On lui donne aussi, entre
ses repas, du gland ou des châtaignes, que l'on
a pelés à la veillée, et du maïs en grain qui

rendent sa chair et sa graisse plus fermes et plus pesantes.

On excite l'appétit du porc en ajoutant un peu de sel à sa nourriture, seulement pendant l'engraissement.

Les bonnes ménagères élèvent en même temps et engraissent deux porcs, l'un pour la vente, l'autre pour le ménage. Ce dernier est ainsi tout bénéfice.

Le toit à porc aura 2 mètres de côté ; les murs seront en plancher à joints carrés, et le plancher sera élevé au-dessus du sol; il y aura, au-devant, une cour couverte où on placera les auges.

On donne en abondance au porc de la paille pour litière : il aime à s'y enfoncer.

Le fumier de porc est très-frais et très-bon. On le réserve pour les plantations d'été du jardin.

Le porc qui passe son temps à fouiller son toit ou sa cour au lieu de dormir ne profite pas. Pour l'en empêcher, on lui met un clou au nez.

En Saintonge, où le porc est si bien soigné, on a la précaution de lui pratiquer, chaque mois, une saignée, en lui faisant, avec des ciseaux une petite incision ou fente au bout de la

queue. Les ménagères choisissent le premier
vendredi de la lune. Il est certain que cette opération entretient le porc en bonne santé et le
dispose à un engraissement plus rapide. Dans
le cas où le porc perdrait trop de sang par la
saignée, on renferme le bout de la queue dans
un petit sachet de toile qui contient un peu de
son.

Afin que les intestins soient plus faciles à
nettoyer, on ne donne point de nourriture au
porc la veille de sa mort : il la passe ordinairement à dormir et ne se plaint pas, comme s'il
comprenait que c'en est fait de lui.

Le lapin. — Est le bétail providentiel du
pauvre et de l'enfant.

Toutes les variétés du lapin domestique
viennent du lapin sauvage, même le lapin *an-
gora*. Nous avons eu un de ces lapins, apprivoisé, que nous laissions libre : au bout de trois
mois il avait perdu tout son duvet, et son poil
était devenu absolument semblable à celui du
lapin ordinaire.

La grosse variété commune est aussi bonne
et réussit aussi bien que la petite, mais elle est
plus lâche, plus lourde, et a les oreilles tom-
bantes, ce qui lui donne une physionomie dis-
gracieuse. Nous avons mis une petite lapine qui

pesait a peine deux kilogrammes dans la loge d'une grosse lapine qui en pesait quatre; quelques minutes après, la grosse avait été tuée.

Nous avons une lapine qui appartient à une variété que nous n'avons jamais vue et que nous ne connaissons pas. Son poil est gris argenté : à 8 mois, nourrie comme les autres, elle pesait 5 kilogrammes : elle est très-rustique, et n'a aucun des défauts de la grosse variété. Si ses petits n'étaient si aimables, on les prendrait pour des lapins sauvages, tant ils sont vifs et alertes.

Afin de pouvoir apprécier la différence qui existe entre cette variété et l'ordinaire, qui est celle du pays, que nous élevons, le 5 octobre, nous avons mis au mâle (variété ordinaire) une lapine ordinaire âgée de 8 mois, et le 9 notre lapine grise du même âge. Toutes les deux ont mis bas, chacune 8 lapins, l'ordinaire le 5 novembre, la grise le 9. Aujourd'hui, 11 février, nous avons pesé les deux portées qui sont âgées de 3 mois. Les 8 petits de la lapine ordinaire pèsent 10 kilogrammes 800 grammes, soit 1,350 grammes par lapin, 14 grammes de croît par jour; les 8 petits de la grise pèsent 14 kilogrammes 400 grammes, soit 1,800 grammes par lapin, 20 grammes de croît par jour. Nous ferons observer que la nourriture a été la même pour tous, que la loge de la lapine ordinaire est du double plus grande que celle de la lapine grise, et que les lapins des deux portées proviennent du même mâle de la variété ordinaire.

De tous les hôtes de la basse-cour, le lapin est le plus facile à nourrir, le moins coûteux à élever et le plus productif ; sa nourriture est partout : feuilles, fruits verts et avariés, luzerne, topinambour, chicorée, chou, écorce, foin, regain, chiendent, laiteron, sommités et épluchures de jardin, baies de genièvre, seneçon ; toutes les plantes légumineuses : persil, cerfeuil, carotte cultivée et sauvage, tout lui convient : il n'y a d'exception que pour la laitue et la nourriture mouillée, qui le rendent hydropique, et la millasse à épis, qui lui coupe la langue : il aime le lait, le pain, le maïs en grain et le son, qui lui fait grand bien.

On renferme le lapin dans des loges, plus ou moins grandes selon la quantité qu'elles doivent contenir, élevées de 20 centimètres au-dessus du sol, et dont le plancher, formé de planches percées de trous, ou de lattes, pour faciliter l'écoulement de l'urine, sera toujours garni de bonne litière. Le mâle et les lapines mères auront chacun leur loge d'un mètre carré, si on veut éviter les pillages de poil, les rixes, même les meurtres. Dans toutes les loges il y aura un ou plusieurs râteliers à côtés fermés et à couverture mobile qu'on soulèvera pour y introduire la nourriture : les barreaux seront plus ou moins espacés et les râteliers élevés, selon l'âge et la taille des lapins, de 3 à 8 centimètres, afin qu'ils soient obligés de se tenir debout pour manger. Il y a une économie de moitié de nourriture à se servir de râteliers. On donne les racines, que l'on doit toujours couper, le son, etc., dans des tuiles que l'on retourne après le repas pour les conserver propres.

Pour les nichées, on peut mettre dans chaque loge de mère une caisse percée à un de ses côtés d'une ouverture, et à couverture mobile, qui permettra d'examiner le nid et d'enlever les morts et les petits qui excèdent le nombre (8) qu'une lapine peut bien nourrir. Nous n'avons jamais vu réussir les portées qui dépassent le nombre que nous indiquons. On donne aussi une litière abondante à la lapine lorsqu'elle approche de sa mise bas : elle en a besoin pour préparer son nid.

Une lapine qui ne s'arrache pas beaucoup de

poil pour faire son nid est impropre à la reproduction.

On examine souvent le nid jusqu'à ce que
les petits aient un peu de force, pour y remettre ceux qui en sont sortis : car il y en a qui
s'attachent si fortement à la tetine qu'ils sont
entraînés par la mère, et périssent ordinairement. Ce sont les plus beaux et les plus vigoureux.

La lapine porte juste un mois. On peut en
obtenir 10 à 12 portées; mais il est bien préférable de se borner à 5 ou à 6 pour le plus. Les
nichées seront plus sûres et les petits plus nombreux et mieux nourris.

Un mois après la mise bas, on met la lapine dans la loge du mâle à 8 heures du matin,
et on la retire à 4 heures du soir. Son absence,
même pendant l'allaitement, ne la dérange
point de ses devoirs maternels, parce qu'elle
n'allaite ses petits que le matin et le soir.

On peut donner à une mère qui en a peu les
petits de celles qui en ont plus qu'elles ne
peuvent en nourrir.

On castre les mâles vers l'âge de 4 mois.
Cette opération est très-facile et les dispose à
un engraissement rapide et remarquable qui
rend leur chair plus délicate. Voici comment

on opère. Un aide tient sur ses genoux le lapin, qui a été enveloppé d'un linge du cou aux cuisses; il le serre entre ses bras et tient écartées les pattes de derrière; l'opérateur fait une incision d'un centimètre des deux côtés de la poche, extrait la glande et coupe le cordon qui la retient. On hâte la guérison en mettant sur la plaie un peu de cérat, pommade faite de cire et d'huile sur la cendre chaude.

Un lapin castré à 4 mois, mis à l'engraissement un mois après, pèsera, au bout de trois semaines, 4 à 5 kilogrammes. Pour le rendre parfait, on le nourrit pendant tout ce temps de grains, son, pommes de terre bouillies, regain, chiendent, baies de genièvre, seneçon ; le persil, le cerfeuil, le lait et un peu de pain lui donnent une saveur particulière. Nous n'avons jamais pu faire manger à nos lapins, ni thym, ni serpolet, ni armoise.

Une lapine bien nourrie et tenue proprement donnera, par an, en 4 ou 5 portées de 8 petits, 30 ou 40 lapins qui à 4 ou 5 mois pèseront 4 kilogrammes, soit 100 kilogrammes de viande qui n'auront coûté qu'un peu de temps et quelques soins. Un lapin de 6 mois ne revient guère qu'à un franc, et, par sa peau et son fumier, paye la dépense qu'il a faite.

Le lapin aime l'air et le soleil, des soins assidus, une extrême propreté, une bonne litière et trois repas par jour. On fera bien de mettre à la disposition des petits lapins une cour planchéiée, dont les côtés seront fermés par les loges, et dans laquelle ils se rendront par un trou où eux seuls pourront passer, et qui sera pratiqué au bas de la porte de la loge maternelle. Quelques mètres carrés suffisent.

N'élevez des lapins que lorsque vous aurez là sous la main leur nourriture assurée, comme l'on a la nourriture du gros bétail, ou vous perdrez trop de temps.

10 ou 12 ares de terrain bien agencés suffisent, avec ce qu'on peut ramasser ailleurs sans perdre de temps, à la nourriture de 3 ou 4 lapines mères et de leurs petits. Le clapier fournira assez d'engrais pour fumer convenablement ce terrain.

Variez la nourriture autant que vous le pourrez, et en la donnant abondamment vous aurez toujours des lapins bons à manger sans les soumettre à un engraissement particulier.

Ne prêtez point votre mâle, ni n'introduisez jamais des femelles étrangères dans sa loge. Vous éviterez de graves inconvénients.

On saigne le lapin au cou, et on fait avec son

sang une sauce au lièvre qui augmente sa valeur comestible; ou mieux encore, on fait un
hachis que l'on met dans le ventre, et dont le
parfum se répand dans toute la chair et en relève le goût.

Le cochon d'Inde. — Joli petit animal, très-
productif; commun autrefois dans nos localités, aujourd'hui très-rare. Mêmes soins que
pour le lapin.

Le faisan. — Il est, par son produit, le goût
particulier de sa chair, sa sobriété et la beauté
de son plumage, le premier des hôtes emplumés
de la basse-cour.

On peut élever le faisan en liberté si, quand
il a deux mois, on lui coupe un *guidon* (dernière phalange de l'aile) ; mais il est préférable,
pour éviter les accidents, de le tenir enfermé.
Une loge bien close et une cour couverte, à côtés
fermés de lattons de quelques mètres carrés de
superficie, à bonne exposition, adossée à un
mur au midi et à sol sec, suffisent à un mâle avec
quatre femelles. Le bas de la clôture sera en
maçonnerie ou doublé en planches à la hauteur d'un mètre, afin que les faisans ne voient
pas au travers, ce qui les inquiéterait. On aura
une autre cour que l'on séparera en autant de
compartiments qu'il y aura de couvées, et dont

on enlèvera les cloisons lorsque les faisandeaux seront assez forts. C'est dans ces compartiments que l'on mettra la couveuse ; elle y sera plus tranquille.

La ponte a lieu dans les mois de mars, avril, mai et juin. Nos faisanes ont toujours pondu 60 œufs, dont les cinq premiers et les dix derniers n'étaient pas toujours fécondés. Elles ont eu quelquefois l'envie de couver, mais cette fantaisie n'a jamais duré plus de huit jours, après lesquels elles ont abandonné leur nid.

On lève tous les jours les œufs, et on les fait couver par une poule, douce et franche, à qui on en donnera de 25 à 32, selon sa grosseur. La poule *gabaye* (1), si bonne couveuse, convient parfaitement.

L'incubation dure trente jours. On isole le nid de la couveuse et on le met à l'abri de l'électricité, en le plaçant sur des verres. A ceux qui trouvent ces précautions inutiles, nous dirons qu'au commencement nous avons perdu plusieurs couvées pour les avoir négligées. Les œufs de faisan sont si délicats, que le bruit d'une porte fermée violemment, un excès d'électricité tuent les petits quand ils sont à peine formés.

On garnit le nid de *palène*, herbe blanche, on-

(1) C'est la race de Saintonge.   (*Note de l'Édit.*)

dulée, fine et souple, qui croît mêlée à la brande
dans les bonnes landes, ou de regain bien éventé.

Pendant que l'on soigne la couveuse, on couvre les œufs d'une pièce de laine chaude.

On met la couveuse sur le nid à *midi précis*,
pour qu'à l'éclosion les œufs se partagent par
le milieu, ce qui facilite singulièrement la sortie des petits. Si on la place sur les œufs à toute
autre heure de la journée, l'éclosion est plus
laborieuse, parce qu'elle a lieu par un bout de
l'œuf.

Cette précaution, appuyée par une longue expérience qui n'a jamais été démentie, a le même
effet sur toutes les espèces d'œufs que l'on fait
couver.

On met les petits, à mesure qu'ils éclosent,
près du feu, dans un panier plein de plumes,
et on les rend à la couveuse dès que l'éclosion
est à peu près terminée.

Les livres qui traitent de l'éducation du faisan prétendent que cet oiseau est fort difficile
à élever et très-gourmand. Nous pouvons affir-
mer le contraire. Une couvée de faisans est
bien moins gênante, moins dispendieuse et bien
moins chanceuse qu'une couvée de dindons.
Sans doute, il faut aux petits, dans le premier
mois, quelques œufs de fourmis ; mais cette

nourriture n'est pas exclusive ; on y ajoute des criquets ou sautereaux, dont ils sont très-friands, des jaunes d'œufs durs, hachés avec de la viande crue, de la mie de pain imbibée de lait, puis, peu à peu, du millet, et enfin du blé, du maïs, et tous les grains et les pâtées que l'on donne aux autres volailles.

Les petits auront leur nourriture renfermée dans une cage, dont un côté sera assez soulevé pour qu'ils puissent y entrer. L'eau de la couveuse sera hors de leur portée ; elle leur donnerait la diarrhée, et s'ils s'y mouillaient, ils seraient perdus. Ils n'en ont besoin que lorsqu'ils n'ont plus besoin des soins de leur mère. On peut alors, si l'on veut, supprimer la mie de pain au lait. L'eau sera renouvelée tous les jours.

Le faisan adulte, quand il est nourri à discrétion, est le plus sobre de tous les hôtes de la basse-cour ; il s'accommode de toute espèce de grain, excepté de la pesille ou garaube, qui l'empoisonne. Il aura toujours à discrétion du blé pour sa nourriture habituelle, et deux autres grains, tels que millet, maïs, sarrasin, avoine, pois, orge, que l'on changera de temps en temps. Les auges seront fermées, et leur couverture sera percée d'un trou par lequel le faisan prendra sa nourriture sans la répandre sur le sol, où elle serait perdue. On lui donnera aussi des laitues, carottes et topinambours entiers, choux, panais, etc., des mottes de gazon frais, ou du blé en herbe qui aura été semé dans des pots, des débris de crépissage, de chaux morte, de calcaire tendre réduits en poussière, et deux ou trois grains seulement de chènevis par faisan : une plus grande quantité de cette dernière nourriture aurait pour effet de trop échauffer les faisans et de compromettre la bonté des œufs et la santé des petits.

Quatre femelles suffisent à un mâle : elles donnent 5 bonnes couvées de 30 œufs.

La chair du faisan l'emporte sur toutes les autres : son prix est très-élevé et très-rémunérateur. La paire se vend de 15 à 20 francs, et les œufs 3 francs pièce.

Le faisan argenté et le faisan doré de la Cochinchine, dont le plumage est si riche, réussissent aussi en domesticité. Nous n'en avons pas élevé.

Après quelques générations, le faisan de volière devient plus beau que le faisan des bois, et la femelle pond le double d'œufs. Le mâle s'attache et s'apprivoise facilement. Nous allions tous les jours dans notre faisanderie pour y faire nos lectures après le pansement. A peine étions-nous assis, que notre beau conquérant montait sur nos genoux, déployait ses magnifiques cocardes, becquetait nos mains et notre livre pour attirer notre attention et quelques caresses. Il restait là tout le temps, et quand nous nous retirions, il nous accompagnait jusqu'à la porte, dont il ne s'éloignait que lorsqu'il n'espérait plus nous revoir. Les femelles ne s'apprivoisent jamais; elles ne remarquent même pas une visite, et passent leur temps à circuler autour de la faisanderie.

On donne aux faisans un perchoir à claire-voie au-dessus d'un plancher, sur lequel tombe la fiente, qui est aussi bonne que celle des poules et des pigeons. On la ramasse soigneusement.

La poule. — Par son produit si facile et si assuré, c'est la reine de la basse-cour : elle rapporte au moins le double de ce qu'elle dépense, quand elle est nourrie à discrétion et tenue proprement.

Les essais que nous avons faits pour acclimater la crèvecœur, dont la chair est si délicate, ont complétement échoué. Nous sommes revenus à la variété gabaye saintongeoise, si rustique, si précoce, et dont la chair est aussi

bonne que celle de la volaille de Barbezieux.
Nos petits poulets ont, dès leur naissance, la
vivacité du perdreau et réussissent en tous lieux
et en toute saison. Cette variété s'engraisse facilement ; ses œufs sont gros, délicats et souvent
à deux jaunes (on ne fait point couver ces œufs,
que l'on reconnaît à leur grosseur et à leur
longueur, parce qu'ils donnent des poulets sia-
mois). La poule gabaye est une excellente pondeuse et une des meilleures couveuses qui
existent ; on peut lui donner 18 à 20 œufs à
couver : elle mène parfaitement ses petits, ne
s'écarte pas trop de la volière quand ils sont
faibles, et les abrite avec grand soin sous ses
ailes plusieurs fois le jour.

En général, on fera bien de s'en tenir à la
variété du pays et de se borner à l'améliorer.

Autant que possible, établissez votre volière
en plein air, dans une cour fermée de lattons
de 3 mètres de hauteur, garnie intérieurement
sur les côtés de trois étagères superposées, de
1 mètre de largeur. L'étagère supérieure sera
surmontée d'un toit qui abritera les poules de
la pluie, qui les fatiguerait, et des éclairs qui les
aveuglent. Ces trois étagères seront planchéiées.
A 25 centimètres au-dessus de l'étagère la plus
élevée, on placera un perchoir mobile à claire-

voie qui servira à la volaille adulte ; la deuxième sera consacrée aux nids des pondeuses (où on laissera un œuf pour les attirer) et des couveuses ; la troisième, placée sur le sol, sera destinée aux petits poulets ; on y établira des cages à barreaux assez espacés pour que les petits puissent y entrer. On renfermera dans les unes les mères, et dans les autres la nourriture des petits. En hiver, pour garantir la volaille du vent et du froid, on garnira, extérieurement, les côtés de la cour de planches ou de paillassons ; et pour détruire, en été, les poux qui fatiguent tant la volaille, on prendra les précautions que nous indiquons à l'article : *les Ennemis de la basse-cour.*

Le poulailler, comme toutes les autres dépendances de la basse-cour, sera parfaitement clos, pour garantir ses hôtes des atteintes des bêtes et des gens malfaisants.

Avec un bon coq et 10 poules bien nourris, vous aurez beaucoup d'œufs et de poulets à consommer, et vous pourrez en vendre assez pour payer en grande partie la dépense de la volière.

Ne gardez point de coq si vous pouvez vous procurer facilement des œufs fécondés : vos poules seront moins vagabondes et moins malfaisantes.

Bannissez de votre volière la poule qui a des

ergots : elle est ordinairement mauvaise pondeuse et casse ses œufs quand elle couve ; celle qui *chante le jau* (chante comme le coq); la querelleuse, celles qui sont trop vieilles ou trop grasses. Une poule pond et couve bien pendant 5 à 6 ans.

Les poules nées aux environs des Notre-Dame de mars et de septembre (1) sont, dit-on, les meilleures pour la ponte et les couvées. On en garde tous les ans de cette époque; elles pondent et couvent plus tôt que les autres.

Ne rebutez pas une jeune poule qui veut couver pour la première fois; il faut qu'elle fasse son apprentissage, mais ne comptez pas absolument sur elle. L'ennui peut la prendre. Nous devons dire, à la gloire de notre variété gabaye, que nous n'avons jamais vu une couveuse abandonner ses œufs.

Les couvées de février sont chanceuses. Nos ménagères disent :

> Œufs de février,
> Œufs de fumier.

On met les œufs sous la couveuse à *midi précis* (voir le *Faisan*, p. 334), et c'est à cette heure qu'on la panse. On la lève du nid et on lui donne du maïs, du miot (mie de pain détrempée dans

_____

(1) 25 mars, — 8 septembre.

du lait, du vin ou de l'eau) et de l'eau propre.
Pendant le pansage, on couvre les œufs d'une
pièce de laine chaude, et on veille à ce que la
couveuse ne prolonge pas trop son absence.
Cette surveillance est inutile pour la poule gabaye, qui, dès qu'elle est pansée, revient avec
empressement sur ses œufs.

L'incubation dure trois semaines. On écrit
ou on marque le jour où la poule a commencé
de couver. Avant de confier des œufs à une
poule, il faut s'assurer qu'elle veut véritablement couver. Ce n'est quelquefois qu'un caprice,
qu'une fantaisie. On la laisse trois jours sur le nid
avant de lui donner des œufs, et si elle se laisse
toucher facilement, on peut compter sur elle.

A une poule assez grosse pour couver, en été,
18 œufs, on n'en donne en hiver que 12, et 15
au printemps, et toujours les plus frais pondus,
pour que l'éclosion soit rapide et régulière.

Le huitième jour de la couvée, on *mire* les
œufs au soleil ou à une lumière, et on jette ceux
qui sont transparents.

On ôte les petits du nid à mesure qu'ils éclosent, et on les met près du feu, même en été,
dans un panier d'osier plein de plumes.

Pour les habituer à manger jusqu'à ce que,
l'éclosion terminée, on les remette sous la mère,

on leur donne quelques grains de millet, quelques petites miettes de pain écrasé, auprès desquels on frappe leur bec de petits coups avec le bout du doigt pour imiter la mère, et on les fait boire en plongeant leur bec dans un verre ou dans quelques gouttes d'eau qu'on fait tomber sur le carreau.

La mère est tenue renfermée plus ou moins longtemps, selon la température, dans une cage où les petits pourront entrer, et dans laquelle il y aura toujours du millet, de la mie de pain et du mijot au lait ou au vin. On lâche la mère quand les petits sont assez forts pour la suivre et qu'il fait beau. La pluie leur est très-nuisible, comme à toute sorte de volaille. On n'a rien à craindre avec la poule gabaye, qui, en cas de danger, appelle aussitôt ses petits et les abrite sous ses ailes.

Lorsque les petits poulets ont trois semaines, on leur ôte la *pépie* (pellicule cornée qui croît sous l'extrémité de la langue, et qui finit par les empêcher de boire et de manger). A cet âge, cette opération est très-facile : faite plus tard, elle a l'inconvénient d'être plus douloureuse et de diminuer la longueur de la langue, dont on emporte un morceau avec la pépie.

De temps en temps on examine les ailes des

poules (et des autres hôtes emplumés de la basse-cour) pour en extraire des plumes dont le tuyau est plein de sang. Ces plumes leur donnent la fièvre et les empêchent de profiter, de pondre et de couver.

On donne aux poules et aux poulets toute espèce de grains, particulièrement du maïs en grain et des pâtées de blé noir, de pommes de terre, de son, d'herbes cuites, de la soupe, quelques miettes de pain et du mijot, surtout dans l'été. La pesille ou garraube les empoisonne, et le raisin et le marc de raisin, dont elles sont très-friandes, les empêchent de pondre.

Le meilleur moyen d'économiser la nourriture est d'en donner à discrétion.

La graine de chènevis excite les poules à pondre. Habituellement on n'en donne que 5 ou 6 grains. Une plus grande quantité les échaufferait outre mesure.

Pour avoir de petits poulets en toute saison, enivrez une poule dinde avec de la rôtie au vin. Mettez-la pendant qu'elle dormira sur un nid où vous aurez placé une trentaine d'œufs, moins en hiver : elle les couvera parfaitement. Si elle paraissait vouloir laisser ses œufs, on l'enivre encore une seconde fois.

Manière de faire les chapons. — On prend

un coq de trois mois environ ; on lui fait, au-dessus de l'anus, une incision où l'on introduit le doigt pour extraire les deux glandes qui adhèrent au milieu du croupion ; ensuite on coud la plaie et on la frotte avec du beurre, de la graisse ou du cérat, et on lâche le chapon-neau avec l'autre volaille.

Cette opération est assez délicate : mais comme les chapons se vendent fort cher, une bonne ménagère doit la tenter.

On ne castre les coqs que lorsqu'ils ont trois mois, et seulement aux environs de la Saint-Jean. Les poulets castrés plus tard ne profitent pas et restent toujours petits.

Manière de conserver les œufs. — On choisit ceux qui ont été pondus en septembre et octobre.

On les met, sans qu'ils se touchent, dès qu'ils ont été pondus, dans du millet, du blé, de la cendre, de la sciure de bois ; ou on les frotte avec un enduit gras, de la graisse, de l'huile, du beurre, du suif ; ou on les met dans un pot que l'on remplit de suif de mouton.

La poularde. — La fiente de la poule nom-mée *poularde* est un des meilleurs engrais. On la ramassera avec soin tous les deux jours sur le plancher du perchoir.

Le canard. — Très-nombreuses espèces et variétés, dont nous n'élevons dans les basses-cours que le canard *franc*, le canard-*dinde* et le canard-*mulard*, qui est produit par le canard-dinde et une cane franche. Ce dernier vient plus gros, mais moins bon que le canard franc. Le canard-dinde ne se mange que lorsqu'il est *croisé*, c'est-à-dire lorsque les extrémités des ailes se joignent. On lui coupe la tête, qui lui communiquerait un goût de musc fort désagréable.

Le canard-dinde se croise facilement avec une femelle franche, et les œufs sont assez généralement bons : il n'en est pas ainsi du canard franc avec la femelle dinde.

Le canard franc se distingue de la femelle par les plumes recoquillées qu'il a au milieu de la queue; on peut lui donner 6 femelles : un plus grand nombre compromettrait la bonté des œufs.

Le canard est très-facile à élever, il mange de tout jusqu'à l'engraissement; on le nourrit aussi économiquement que possible, avec des herbes crues ou cuites mêlées d'un peu de son.

Le canard veut de l'eau; à défaut de mare, on lui en donne souvent dans de grands vases que l'on enterre au niveau du sol. Pour les petits canetons, la sortie de ces vases doit être facile, ou ils s'y noieraient.

La cane pond 60 œufs de mars à la fin de mai, si on l'empêche de couver. Tous les jours on visite les nids, où on ne laisse que le dernier œuf pondu.

Les œufs de cane sont bons à manger, quoique le blanc ne devienne pas laiteux ; mais il est préférable de les vendre, parce qu'ils sont plus chers que ceux de poule.

L'incubation dure un mois. La poule couve mieux et plus d'œufs que la cane. On élève les canetons comme les petits poulets. Ils sont friands de mie de pain détrempée dans du lait. On leur donne pour les amuser du son et de la lentille de mare dans un vase plein d'eau.

On éloigne le canard des viviers, où il dévore le poisson et dont il corrompt l'eau par sa fiente.

Il y a deux manières d'engraisser le canard : 1° en le gorgeant, c'est-à-dire en introduisant dans son estomac autant de nourriture (maïs mouillé) poussée avec le doigt qu'il peut en recevoir ; 2° en le tenant renfermé, pendant trois ou quatre semaines, dans un lieu obscur où on lui donne, à discrétion, du son humide, du maïs sec et de l'eau fraîche, qu'il boira au travers de barreaux, sans qu'il puisse s'y baigner. Cette dernière méthode n'est pas aussi ennuyeuse; mais la première, le gorgement, donne au canard un engraissement extraordinaire, et à son foie, qui est un mets très-recherché, un développement énorme : seulement elle présente quelques dangers.

La veille du dernier jour, on fait baigner les canards.

De toutes les viandes confites, celle du canard est la meilleure.

Le duvet du canard est aussi précieux que celui de l'oie.

L'oie. — Deux variétés : la *petite* et la *grosse*. Toutes les deux sont très-rustiques et très-faciles à élever.

L'oie donne beaucoup de chair et de graisse et un excellent duvet pour le lit. On se servait autrefois des grosses plumes de ses ailes pour écrire : la plume d'acier les a détrônées. La chair des jeunes est assez bonne à manger, celle des vieilles ne se mange que confite.

La femelle fait quelquefois trois pontes si on l'empêche de couver; elle est bonne couveuse et mène bien ses petits. La ponte commence en mars et dure jusqu'en juillet. L'eau est nécessaire pour que les œufs soient bons. L'oie pond toujours au même endroit; on y laisse le premier œuf, que l'on marque parce qu'il est rarement fécondé, et on enlève les autres à mesure.

La poule couve six à huit œufs, l'oie et la poule-dinde quinze. L'oie veut être pansée très-régulièrement; pour peu qu'elle soit négligée, elle se rebute et abandonne ses œufs. On ne la laisse point se baigner pendant qu'elle couve, elle refroidirait ses œufs.

L'incubation dure un mois; on enlève les petits et les coquilles jusqu'à la fin de l'éclosion. On les laisse renfermés avec leur mère pendant quelques jours, et on les nourrit de fleurs de chou, de farouch, de luzerne, de son mouillé, d'orge bouillie, etc., et on les lâche par un beau temps. L'eau leur est nécessaire, mais la pluie leur est très-nuisible.

L'oie aime à paître, et fait beaucoup de dégâts si elle n'est pas surveillée. On la nourrit et on l'engraisse comme le canard. L'engraissement est plus ou moins rapide selon l'âge des oies : il dure en moyenne un mois.

Quelques ménagères arrachent le duvet à leurs oies deux fois par an : la première quand elles ont deux mois, la deuxième en novembre, mais avec plus de modération à cause du froid de l'hiver. Les parties que l'on plume sont le ventre et le dessous des ailes. Nous avouons ne l'avoir fait qu'une fois; il nous a semblé reconnaître que ce que l'on gagne en duvet on le perd en croissance et en santé.

Le dindon. — Une seule espèce à plumage *noir*, *gris* ou *blanc*. Les ménagères préfèrent le dindon noir.

Le dindon mange de tout quand le rouge (caroncule) est sorti; il pait aussi comme l'oie.

La dinde fait deux pontes, l'une en mars, l'autre en août.

L'incubation dure un mois. Les couveuses seront pansées régulièrement; on les lèvera très-doucement de dessus leurs œufs pour les faire manger, boire et se vider. La dinde est une des meilleures couveuses; elle mourrait sur ses œufs plutôt que de les abandonner. En l'enivrant, on lui fait couver, quand on le veut, toute espèce d'œufs.

En mettant les œufs sous la couveuse à midi précis, on n'a pas besoin de s'inquiéter de l'éclosion, qui réussit toujours. Si la mère est bien tranquille, on laisse les petits se sécher sous elle. De sa naissance au moment où le rouge lui sort, à deux mois environ, le dindon a un extrême besoin de chaleur; néanmoins le grand soleil et la pluie le tuent.

Le dindonneau est très-gourmand. Pendant

les deux premiers mois, on lui donnera quatre repas par jour et de l'eau toujours nette. Les cinq premiers jours, on le nourrit comme le faisan de quelques œufs de fourmi, d'œufs durs hachés avec du pain, de la viande, des sautereaux, du chènevis, du millet, du sarrasin, du lait caillé, de la mie de pain imbibée de lait; on diminue ensuite cette nourriture, et on y ajoute de l'ortie hachée, feuilles et graines, des pâtées; on leur fait prendre, de temps en temps, un grain de poivre et quelques gouttes de vin, et on leur donne de l'eau soufrée et poivrée, dans laquelle on a mis du mâchefer ou crasse de fer.

Dans les premiers jours, on leur donne la becquée pour les habituer à manger.

Le dindon a absolument besoin de chaleur et d'une nourriture abondante et choisie, pour résister à l'épreuve du rouge.

On met à part les dindonneaux malades jusqu'à ce qu'ils mangent bien. Pendant ce temps, on leur donne la nourriture des premiers jours.

Manière d'engraisser le dindon. — On le met dans une mue, où il ait du maïs, et à discrétion, et on lui fait avaler quatre fois par jour des boulettes, grosses comme de petites noix, d'une pâte composée de feuilles d'ortie ha-

chées, de quelque farine, de son et d'œufs durs.
La mère l'engraisse aussi.

La chair de la femelle est meilleure que celle
du mâle. Qui n'a entendu parler de la dinde
truffée du Périgord?

La pintade. — Une espèce, à plumage mou-
cheté, noir ou blanc.

La pintade est excessivement bruyante; elle
crie continuellement, du matin jusqu'au soir;
aussi est-elle bannie d'un grand· nombre de
basses-cours. Elle cache si bien ses œufs, lorsqu'elle pond, qu'on a peine à les trouver. La
pintade est une excellente couveuse; cependant
les petits qu'elle a couvés périssent tous, tandis
que ceux qui ont été confiés à une poule réussissent parfaitement.

La pintade reconnaît toujours la poule qui l'a
élevée, même quand celle-ci l'a laissée pour
faire une autre couvée. Dès qu'elle la revoit,
elle se mêle à ses petits et lui donne des marques
non équivoques de sa piété filiale.

Les petits craignent le froid et la pluie, qui
les tuent. On les nourrit comme les petits
poulets, ils sont aussi rustiques.

Le mâle ne veut qu'une femelle : il est inutile de lui en donner d'autres : il ne se con-
tente pas de les délaisser, mais encore il les bat.

La pintade n'est bonne à manger que lorsqu'elle est entièrement venue, au bout de 7 à
8 mois : à cet âge, c'est un manger délicat.

Le pigeon. — Très-nombreuses variétés,
dont les meilleures sont les moyennes et les
croisées. Les paires dont le mâle est plus petit
que la femelle réussissent moins bien.

Deux conditions sont essentielles pour retirer quelque bénéfice du pigeon, la nourriture à
discrétion et une extrême propreté.

Le pigeonnier sera percé, au levant ou au
midi, autant que possible, de trous de 12 centimètres de largeur sur 18 centimètres de hauteur arrondis à leur sommet : au niveau de la
base de ces trous on placera extérieurement et
à l'intérieur une planchette assez large sur laquelle les pigeons s'appuieront pour entrer et
sortir. Tous les soirs on soulèvera une de ces
planchettes pour fermer les trous et empêcher
le rat, la fouine ou la belette de s'introduire
dans le pigeonnier. On fera bien d'avoir au-
dessous des trous une ouverture assez large
pour que les pigeons puissent y passer en vo-
lant. Cette ouverture sera munie d'un volet.

Le pigeonnier doit être clos : si les rats y
entrent, les pigeons l'abandonneront, ou les
couveuses laisseront leurs œufs qui se refroidi-

ront; quelquefois les petits seront tués, et la consommation de la nourriture sera singulièrement augmentée.

Les nids seront soutenus, et non pas fixés à demeure, par 2 agrafes : ils seront séparés, de 2 en 2, par des cloisons en planches minces ou en briques qui descendront du haut du plancher au-dessous des nids les plus rapprochés du sol. On peut mettre plusieurs rangs de paniers les uns au-dessous des autres. Il faut au moins 2 paniers par paire de pigeons.

On prend les petits au nid dès qu'ils ont de la plume, à moins qu'on ne veuille les conserver. Plus on attend moins ils sont bons, et plus les couvées sont retardées. L'incubation dure 17 jours.

On nettoie avec soin le nid dès que les petits en sont sortis et on le remplit de palène, de regain ou de paille bien brisée. Si le nid n'est pas suffisamment garni de litière, les petits, se trouvant trop enfoncés, risquent d'être étouffés par le poids du père ou de la mère.

On remet dans le nid les petits qui en sont tombés.

Aux petits que l'on veut garder on donne du grain, millet, blé, pesille, sur le sol du pigeonnier, de l'eau que l'on renouvelle tous les jours.

On nourrit les petits qui sont privés des soins

de leurs parents en introduisant leur bec dans le poing rempli de grain mouillé.

Il y aura au milieu du pigeonnier un juchoir suspendu à la charpente, composé de lattons horizontaux, isolés les uns des autres pour éviter les rixes, malheureusement trop fréquentes dans la république des pigeons.

Les pigeons nourris à discrétion dépensent moins et font régulièrement tous les mois. On leur donnera de la pesille ou garraube, du maïs blanc, qu'ils préfèrent au jaune et qui coûte moins cher, du millet et de la mie de pain coupée en morceaux gros comme des grains moyens de maïs. On mettra cette nourriture dans une auge carrée, séparée en compartiments, dont les bords latéraux élevés de 25 centimètres, empêcheront les pigeons de se voir quand ils mangeront, de jeter leur nourriture sur le sol et de se battre. Ces compartiments seront couverts en pointe, et assez petits pour que les pigeons ne puissent ni percher au-dessus ni y entrer : ils y fienteraient et gâteraient une quantité considérable de nourriture. Cette auge sera soutenue par un pied-droit de 1 mètre

8

50 centimètres environ de hauteur. Au-dessous de l'auge, on fixera autour du pied un entonnoir renversé, en fer-blanc, qui arrêtera les rats.

Vers le milieu du jour on balaye avec soin le pigeonnier, on met de la nourriture dans les compartiments, et au moyen d'un sifflet on convie les pigeons à un repas de blé dont ils sont friands et qu'on jette sur le sol du pigeonnier. Ils aiment le chènevis au-dessus de tout : mais 2 ou 3 grains par pigeon, que l'on éparpille sur le sol, sont suffisants. En en donnant une plus grande quantité on risque d'avoir des petits infirmes. On suspend aussi dans le pigeonnier un morceau de morue sèche.

Le pigeon boit beaucoup, surtout lorsqu'il a des petits, et il aime à se baigner : on lui donnera de l'eau s'il n'y en a pas à proximité.

Lorsqu'on veut garder une paire de pigeons, il est important de s'assurer si elle est composée d'un mâle et d'une femelle, tant il y a d'inconvénients à en avoir de dépareillés. Voici quelques moyens de le connaître : nous les indiquons dans l'ordre de leur certitude.

Il y a ordinairement mâle et femelle :

1° Lorsque les petits sont d'inégale grosseur;

2° Si les petits se tiennent habituellement tête à queue dans le nid;

3° Si le pigeonneau, pris avec les deux mains, baisse la queue, c'est un mâle; s'il la lève, c'est une femelle;

4° Les jeunes mâles sont battus par les vieux, tandis que les femelles sont l'objet des salutations les plus empressées;

5° *Le mâle mange le millet jeté par terre beaucoup plus vite que la femelle :* et nous croyons avoir remarqué que plus un mâle mange lentement moins il est bon.

Il y a généralement plus de mâles que de femelles.

Les pigeons nés pour les Notre-Dame de mars et d'août sont, dit-on, meilleurs pour la reproduction. Nous le croyons, quoique nous en ayons gardé de toute saison sans avoir jamais trouvé de différence sensible. La bonté d'une paire de pigeons dépend uniquement de la nourriture, des soins et de la variété. A cette époque, la couvée est ordinairement composée d'un mâle et d'une femelle.

Soyez sans pitié pour les pigeons étrangers qui viendront dans votre colombier : ils consommeraient beaucoup de nourriture et feraient avorter les couvées, en forçant les couveuses à sortir du nid.

Pour habituer un pigeon étranger au pigeon-

nier, on noue avec une ficelle la première phalange des ailes et on lie avec les deux bouts de
cette ficelle les grandes plumes de la seconde
phalange. Huit jours suffisent. On veille les
vieux mâles, qui ordinairement cherchent
querelle aux nouveaux venus et les tuent impi-
toyablement.

Une paire de pigeons, tenue proprement
et nourrie à discrétion, dépense 4 centimes
par jour, et donne 10 kilogrammes de viande
par an.

La viande de pigeon est la plus chère de
toutes celles qui sont produites par la basse-cour;
mais comme elle est la moins chargée d'os
(50 grammes d'os par 1,000 grammes de
chair), elle est encore bien moins coûteuse que
la viande de boucherie.

PRODUIT DE NOS DEUX PREMIÈRES PAIRES DE PIGEONS.

DIMANCHE, 1ʳᵉ Paire (commun). 1872.			LUNDI, 2ᵉ Paire (romain croisé). 1872.		
24 mars.....	2	pigeonneaux	18 mars......	2	pigeonneaux
25 avril.....	2	id.	24 avril.....	2	id.
23 mai......	2	id.	1ᵉʳ juin......	2	id.
23 juin......	2	id.	3 juillet.....	2	id.
19 juillet.....	2	id.	7 août......	1	id.
22 août......	2	ld. gardés	13 septembre.	2	id.
12 septembre.	2	id.	18 octobre...	2	id.
14 octobre...	2	id.	26 novembre.	2	id.
15 novembre.	1	id	30 décembre..	1	id.
24 décembre..	2	id.			

Afin de vider plus facilement les pigeonneaux que l'on prend au nid pour les consommer, on les prive de nourriture pendant 24 heures.

Nous ne comprenons pas que dans les villes, où on autorise tant de choses malsaines, on prohibe, sous prétexte d'hygiène, l'élevage du pigeon. Cet oiseau, placé dans les greniers, qui le plus souvent ne servent à rien, se tenant habituellement sur les toits quand il est bien nourri, loin de compromettre l'hygiène, la favoriserait au contraire par le battement de ses ailes et fournirait aux citadins un supplément considérable de viande. Que de choses qui se perdent dans les rues qui seraient ramassées par les pigeons ! Que d'engrais seraient produits !

Bordeaux élevait autrefois beaucoup de pigeons ; la mortalité n'y était certainement pas plus grande qu'aujourd'hui. Qu'on réglemente cette industrie, rien de plus juste, mais qu'on ne l'interdise plus. La viande de boucherie est trop rare et trop chère pour qu'on ne favorise pas tous les moyens d'en avoir d'autre à meilleur marché.

La fiente de pigeon est un des meilleurs engrais, à cause de la grande quantité de plumes qu'elle contient : 7 paires de pigeons don-

nent au moins un litre de colombine par jour.
Que l'on calcule, pour les villes seulement, à
2 paires de pigeons par ménage, ce qui serait
produit en viande et en engrais ! N'est-ce pas
notre faute si nous manquons de ces deux choses si nécessaires ?

L'engraissement. — Les hôtes de la basse-
cour qui sont destinés à la consommation du
ménage, n'ont pas besoin d'être soumis à un engraissement particulier. Bien nourris habituellement, ils seront toujours en bon état de chair
et de graisse. L'engraissement étant fort coûteux, on fera bien de n'engraisser que ce que
l'on voudra vendre ou confire.

Manière d'engraisser la volaille. — Le
lieu ou on engraisse la volaille doit être sain,
chaud, un peu obscur et tenu très-proprement.

On renfermera, isolément, la volaille que
l'on voudra engraisser, dans des mues séparées
assez étroites pour qu'elle ne puisse se tourner
et s'agiter, mais assez longues pour qu'elle
puisse *s'étirer*. Le plancher sera à claire-voie,
plus large au fond, pour donner passage à la
fiente. Le haut de la porte de la mue sera plein ;
le bas sera à barreaux, au travers desquels la
volaille prendra sa nourriture et boira dans les
auges qui seront placées à portée. L'immobilité

cellulaire est un grand moyen d'engraissement. La nourriture la plus convenable est le maïs, le millet et la mie de pain imbibée de lait, d'eau ou de vin, et des pâtées comme hors-d'œuvre.

Le gorgement est le seul moyen de donner aux volailles un engraissement extraordinaire. On gorge avec du grain mouillé et avec des pâtées de farine de maïs, de millet, d'orge, d'avoine, de sarrasin, etc., qu'on lui fera avaler, en lui ouvrant le bec, deux ou trois fois par jour : on lui en donne peu au commencement et, de jour en jour, on augmente la dose jusqu'à ce qu'elle soit habituée ; alors on la force d'en avaler autant qu'elle peut en prendre. On ne gorge une volaille que lorsqu'elle a digéré la nourriture qu'on lui a donnée et que son jabot est vide, ce que l'on connaît en le maniant.

On peut tenir renfermée dans le même local la volaille de même espèce que l'on gorge.

Il est bon de parfumer de temps en temps les divers appartements de la basse-cour avec du vinaigre, que l'on fait tomber sur une pelle qui a été rougie au feu.

Les ennemis de la basse-cour. — Le rat

et le pou sont les grands ennemis de la basse-
cour. Non-seulement, comme la fouine et la belette, le rat en tue les hôtes, mais encore il épou-
vante les couveuses et consomme une quantité considérable de nourriture, même en plein
jour.

On s'en débarrasse au moyen de ratiers que,
pour éviter les accidents, l'on met dans une
caisse percée de trous par lesquels le rat s'in-
troduira, et où il sera attiré par une croûte de
fromage, des amandes, etc.

Le ratier en fil de fer, à double demi-cercle,
à ressort, fixé à un petit morceau de bois peint
ordinairement en rouge, qui ne se vend que
25 centimes, est-ce qu'il y a de mieux. Le rat
finit toujours par s'y prendre. Les petits ratiers
sont préférables.

Le pou fait peut-être plus de mal que le rat
aux hôtes emplumés de la basse-cour : il les
tourmente et les dessèche, surtout la poule ;
il les empêche de pondre et de couver, et finit
souvent par tuer les couveuses et leurs petits.
On reconnaît qu'une couveuse a des poux quand
elle est très-altérée et qu'elle boit plus qu'elle
ne mange. En ce cas, ce qu'on a de mieux à
faire est de la remplacer par une autre, afin de
bien la soigner : on introduit sous ses plumes,

en les rebroussant, de la cendre de lessive ; on mouille de vinaigre la tête, le cou, le dessous des ailes et le croupion, et on la frictionne de graisse ou d'huile. Si la caisse où est le nid de la couveuse est mobile, on la flambe avec la litière qu'elle contient. On l'asperge de vinaigre, de chaux vive ou d'acide sulfurique étendu d'eau. On en fait autant aux parcs et aux perchoirs, qu'on aura le soin de blanchir, tous les ans, à la chaux vive, au moment des plus fortes chaleurs.

PRODUIT D'UNE PETITE BASSE-COUR.

Ce qui suit demanderait des développements étendus ; mais, pour ne pas sortir de notre cadre, nous nous bornerons à quelques indications qui montreront le produit et le bénéfice que l'on peut retirer d'une petite basse-cour bien organisée et soignée avec intelligence et assiduité.

Composition et produit d'une petite basse-cour. — Supposons une basse-cour composée seulement d'une vache, 2 porcs, 10 poules, 2 ou 3 lapines mères et de 7 paires de pigeons : voyons la quantité de viande qui sera produite, le prix de revient de cette viande, ce qu'elle coûterait si on l'achetait, et comparons avec la viande de boucherie.

VIANDE.

	POIDS. kil.	PRIX de revient. fr.	PRIX d'achat. fr.
Produit net de la vache (lait, beurre, laiton) valant 50 kil. (Le veau, gardé 3 mois, paiera la nourriture de sa mère).........	50	»	100
2 porcs de 100 kilog. chacun, dont celui qui est vendu paie celui qui est réservé pour le ménage......................	100	»	150
10 poules donneront 1,000 œufs (valant plus de 50 kilog. de viande), dont le prix de revient est amplement payé par ceux que l'on consomme et par le produit des couvées.......	50	»	50
100 poulets pesant 1 kil. pièce à 3 mois.	100	100	150
80 lapins, provenant des 12 portées de 2 ou 3 lapines mères, pesant, à 5 mois, chacun 3 kilog.....................	240	80	240
60 paires de pigeonneaux, pesant 1 kil. la paire...........................	60	100	120
TOTAL..................	600	280	810

De ces 600 kilog. de viande, il faut déduire en os,   kil.
pour le porc (ses os sont payés par le prix élevé de la graisse, jambons, etc., etc.)........................ »
Pour les 100 poulets, 80 grammes par poulet........ 8
Pour les 80 lapins, 150 grammes par lapin......... 12
Pour les 120 pigeonneaux, 50 grammes par paire.... 3
    TOTAL pour les 600 kilog. de viande......... 23

Reste 577 kilos de viande nette, dont le kilo ne revient pas à 50 centimes.

Comparaison du prix de revient de la viande de basse-cour avec le prix d'achat de la viande de boucherie. — La viande de boucherie est vendue sur les bancs 2 francs le kilo; elle contient un tiers d'os.

600 kilos de cette viande se réduisent donc à 400 kilos de viande nette, qui coûtent 1,200 fr., soit en réalité 3 fr. le kilo, tandis que les 577 kilos de viande nette de basse-cour ne reviennent qu'à 280 fr., moins de 50 centimes le kilo.

Le kilo de viande nette de boucherie coûte 3 francs.

Le kilo de viande nette de basse-cour ne revient pas à 50 centimes.

Différence en faveur de la viande nette de basse-cour, 2 fr. 50 centimes par kilo.

De ce calcul, pour rester dans le vrai, il faut déduire les non-valeurs et les pertes ; mais quelque considérables qu'on les suppose, elles ne peuvent en détruire l'exactitude, parce qu'elles n'élèveront jamais le prix du kilo de la viande de basse-cour au delà de 75 centimes.

Pendant l'été, et au moment des travaux les plus pénibles, la viande abonde dans la basse-cour, tandis qu'elle manque souvent à la boucherie rurale.

La viande à bon marché. — *Impossibilité de produire la viande à bon marché par le gros bétail.*

La solution du problème de la production de la viande à bon marché, qui préoccupe à bon droit les agriculteurs, et pour laquelle l'Etat, les départements et les sociétés agricoles font tant de sacrifices et donnent tant de primes, n'est pas possible uniquement par le gros bétail. Trois conditions sont nécessaires pour élever ou engraisser : l'emplacement en écurie et en parcours, des avances en argent et en fourrages, et du bétail de choix. Qu'ils sont peu communs les cultivateurs qui réunissent ces conditions ! Et, parmi les privilégiés, ceux qui se livrent à cette industrie n'y trouvent-ils pas le plus souvent de la perte, à cause du prix élevé d'achat du bétail, du temps et des soins que l'engraissement exige, de la grande quantité et de la qualité de la nourriture qui est dépensée ! Que de faits l'on pourrait citer !

Mais avant d'engraisser le gros bétail il faut l'élever. Or, *généralement*, l'élevage, loin de rapporter quelque bénéfice, est, comme l'engraissement, une cause de perte. Qu'on aille au marché, on verra des veaux de 4 ou 5 mois se vendre jusqu'à 200 francs.

Le 3 octobre 1872, nous avons vendu 88 francs, pour nourrisson, un veau agé de 21 jours, qui a été revendu immédiatement 90 fr. 50 cent. La mère a été saillie le 18 novembre suivant, et du 3 octobre, jour de la vente de son veau, jusqu'au 23 février 1873, jour où nous écrivons ces lignes, elle nous a donné de 8 à 11 litres de lait par jour : à 8 litres seulement, nous avons donc eu, pour ces 143 jours, 1,144 litres qui, à 15 centimes le litre, nous ont rapporté 171 fr. 60 cent. Cette vache nous donnera encore, jusqu'au moment où nous la laisserons tarir, en moyenne 5 litres de lait par jour pendant 100 jours environ, soit 500 litres, qui, à 15 centimes, feront 75 francs.

RÉCAPITULATION.	fr.
Un veau................................	88
Lait..................................	246
TOTAL en compte rond...........	334

En élevant ce veau, aurions-nous eu le même bénéfice ?

Cette vache est une gâtinaise moyenne (1);

(1) Gâtinaise, de la *Gâtine*, dans les Deux-Sèvres.

elle nous a coûté, en mauvais état il est vrai, 220 francs.

Si, pour les élever, on les gardait 9 à 10 mois, on ne les vendrait guère que le même prix : de plus, on fatiguerait la mère, on serait privé de son lait, si précieux pour le ménage et les hôtes de la basse-cour ; on retarderait certainement de quelques mois, si on ne la perdait pas, la portée suivante, et on s'exposerait à des embarras et à des risques nombreux d'accidents et de maladies. Vienne une disette de fourrage, que fera-t-on de ces élèves ? On les vendra à perte (1), ou on achètera du foin pour les nourrir. Où sera le bénéfice ?

Les cultivateurs ordinaires, ce sont les plus nombreux, n'ont donc nul intérêt à élever du gros bétail ; ils ne peuvent en avoir à engraisser qu'accidentellement, quand ils veulent s'en débarrasser pour se remonter avec de plus jeunes.

Possibilité de produire la viande à bon marché par le petit bétail. — Puisque le problème de la production de la viande à bon marché est inso-

(1) En 1870, nous avons acheté 200 fr. une paire de veaux âgés, l'un de 9 mois, l'autre de 11, qui arrivaient du Limousin. Au bout d'un an ils ont été vendus 600 fr. Qu'ont-ils produit? 150 fr. par an, la moitié de ce qu'ils auraient rapporté s'ils eussent été vendus lorsqu'ils avaient 2 ou 3 mois, en comptant le bénéfice du lait qu'ils ont consommé.

luble par l'élevage et l'engraissement du gros bétail, essayons de le résoudre par l'élevage et l'engraissement du petit bétail de basse-cour.

Prenons pour exemple le lapin, qui coûte si peu, qui produit tant, que *tout le monde*, à la campagne, le pauvre comme le riche, peut élever et qui, lorsqu'il a été bien nourri, est un mets si délicat. Comparons son produit à celui d'une vache.

Une vache de 250 fr., après 3 ans d'élevage, donne chaque année, par son veau, 60 à 80 kilos de viande qui coûte 3 fr. le kilo.

Une lapine de 2 fr. 50 cent., après 6 mois d'élevage, donne chaque année, par ses 5 portées, 120 kilos de viande qui coûte 75 cent. le kilo.

Lorsque, au bout de 3 ans d'élevage, une vache donne son premier veau, une lapine aura donné, pendant ce temps, 300 kilos de viande.

Pour 100 éleveurs de 100 veaux provenant de 100 vaches, ayant coûté 25,000 francs, on aura facilement 100 éleveurs de 4,000 lapins provenant de 100 lapines mères ayant coûté 250 francs.

Les premiers produiront, dans un an, 6 à 8,000 kilos de viande qui coûteront 20,000 fr.

Les seconds produiront, dans le même espace de temps, 12,000 kilos de viande qui coûteront 9,000 fr., et en auront déjà produit, pendant les 3 ans d'élevage des vaches, 30,000 kilos.

Que l'on ajoute les autres hôtes de basse-cour au lapin, et l'on verra la quantité de viande qui peut être produite. Que l'on compare aussi la précocité et fécondité du petit bétail à celles du gros, les exigences de l'un aux exigences de l'autre, et l'on reconnaîtra que ce n'est qu'au moyen du petit bétail de basse-cour qu'il est possible et facile de résoudre le problème de la production de la viande à bon marché. Pourquoi ne réserverait-on donc pas pour le petit bétail une portion de ces primes splendides que l'on décerne uniquement au gros bétail ?

CONCLUSION.

En voyant le bien que Son Éminence Mgr le cardinal Donnet, notre Archevêque, fait par sa présence et ses discours dans toutes les réunions agricoles de son Diocèse, nous pensons à celui que MM. les Curés et les Instituteurs ruraux peuvent faire dans leur localité. Que faut-il pour cela ? Bien peu de chose. Quelques conseils au catéchisme et à l'école, des encouragements à cultiver certaines plantes trop négligées, telles que le topinambour, la luzerne en lignes, le chou vert, etc.; à élever des lapins, ce petit bétail providentiel du pauvre et de l'enfant; à soigner le jardin, si généralement délaissé par ceux-là mêmes qui ont un si grand besoin de ses produits; quelques distributions de graines qu'on aurait obtenues de M. le Préfet, de M. le Professeur d'Agriculture et qu'on aurait recueillies. Quelques bons points donnés pour les semis de graines, les plantations d'arbres, les élèves du petit bétail (ajoutons pour le raccommodage des vêtements); des récompenses, des prix décernés le beau jour de la première communion et à la fin de l'année scolaire : cela suffirait, et tous les ans on verrait le capital des communes rurales s'accroître et le sort du pauvre s'adoucir.

On ne se rend peut-être pas suffisamment compte des causes de la différence qui existe, à la campagne, entre le riche et le pauvre, et des conséquences qui en découlent pour l'un et pour l'autre. A la campagne, le riche vend de tout et n'achète presque rien ; le pauvre ne vend rien et achète tout, même le pain : et comme le pauvre n'a rien à manger avec ce pain qui lui coûte si cher, puisqu'il en paye 6 kilos de deux journées de travail, il en consomme beaucoup plus que le riche, sans compter que, dans les temps de disette, où le prix du pain est plus élevé, le pauvre s'engage chez le boulanger pour plusieurs années. Un jardin bien soigné (tout le monde en a à la campagne), quelques lapins, quelques poules (tout le monde peut en élever), en voilà assez pour diminuer, d'*un tiers*, la consommation du pain, augmenter d'autant, sans autre dépense que celle d'un peu de temps, la consommation de la *viande* et des *légumes*, et donner aux *pauvres* un moyen facile de faire un peu d'argent par la vente du *superflu* des produits de leur basse-cour et de leur jardin.

Quels résultats pour un conseil, un encouragement, un petit paquet de graine donnés à un enfant !

Que MM. les Curés et Instituteurs ruraux s'unissent donc, et le but, si digne d'eux, que nous leur indiquons sera bientôt atteint : et dans quelques années, on verra, auprès de chaque chaumière, un jardin planté de toute espèce de légumes, un clapier rempli de lapins, des poules, des pigeons, etc., etc., dont les produits se succéderont sur la table du pauvre et amélioreront son existence si triste maintenant.

Alors la parole du Prophète-Roi sera accomplie :

Les pauvres mangeront, et seront rassasiés. (Ps. XXI.)

FIN.

TABLE DES MATIÈRES.

LE JARDIN POTAGER.

LE CALENDRIER HORTICOLE.

LA CULTURE DES LÉGUMES.

LA BASSE-COUR.

FIN DE LA TABLE.

LIBRAIRIE DE CH. BLÉRIOT

55, QUAI DES GRANDS-AUGUSTINS, PARIS.

ENSEIGNEMENT CLASSIQUE AGRICOLE

Cours complet d'Études primaires

SOUS LA DIRECTION

DE M. LOUIS GOSSIN

PROFESSEUR D'AGRICULTURE DE L'INSTITUT AGRICOLE DE BEAUVAIS
ET DU DÉPARTEMENT DE L'OISE,
Chevalier de la Légion d'honneur

Approuvé par la Commission des Bibliothèques scolaires et recommandé par la Commission instituée pour le développement de l'enseignement agricole.

Arithmétique élémentaire agricole, par M. Louis Gossin. 1 beau vol. in-12 de 230 pages illustré et solidement cartonné. Prix : 1 fr. 25. — Avec les solutions (partie du maître). Prix : 1 fr. 60. — Ouvrage approuvé par la Commission permanente des bibliothèques scolaires et par la Commission instituée pour le développement de l'enseignement agricole.

Abrégé de l'Arithmétique élémentaire agricole, par M. Louis Gossin. 1 vol. in-12, impression très-soignée, 120 pages de texte. — Prix, cartonné : 50 cent. — Avec les solutions (partie du maître). Prix : 75 cent.

Grammaire française avec exemples et exercices, se rapportant à la vie rurale, par MM. Louis Gossin et Lancelin, inspecteur de l'enseignement primaire. Ouvrage rédigé d'après un plan nouveau et méthodique, et présentant, à l'appui des règles de grammaire, une série de devoirs raisonnés et d'exercices qui peuvent servir, au besoin, de matière pour des dictées en texte suivi. 1 vol. in-12, imprimé avec soin. — Prix, cartonné : 1 fr. — Ouvrage approuvé par la Commission permanente des bibliothèques scolaires et par la Commission instituée pour le développement de l'enseignement agricole.

Abrégé de la Grammaire française avec exemples et exercices, se rapportant à la vie rurale, par MM. Louis Gossin et Lancelin. 1 vol. in-12, impression très-soignée, 120 pages de texte. Prix, cartonné : 60 cent.

Cours gradué de dictées françaises, faisant suite aux *Exercices de la Grammaire française* et pouvant servir de complément à toutes les Grammaires, par M. Louis Gossin. 1 vol. in-12. Prix, cartonné : 70 c — Ouvrage approuvé par la Commission permanente des bibliothèques scolaires et par la Commission instituée pour le développement de l'enseignement agricole.

Syllabaire, par M. Louis Gossin. 1 vol. in-12. Prix, cartonné : 40 c. — Ouvrage approuvé par la Commission permanente des bibliothèques scolaires et par la Commission instituée pour le développement de l'enseignement agricole.

Méthode rationnelle de lecture, d'après les principes de la *Méthode Sénéchal,* à caractères mobiles. 9 tableaux. Prix, en feuilles : 1 fr. 60 c. — Sur carton : 2 fr. 80 c. — Les tableaux sur carton ne peuvent être expédiés que par chemin de fer et aux frais du destinataire. — Ouvrage approuvé par la Commission permanente des bibliothèques scolaires et par la Commission instituée pour le développement de l'enseignement agricole.

Premier livre de lecture courante, à l'usage des plus jeunes élèves des écoles primaires rurales, par M. Louis Gossin. 1 vol. in-12. Prix, cartonné : 60 c. — Ouvrage approuvé par la Commission permanente des bibliothèques scolaires et par la Commission instituée pour le développement de l'enseignement agricole.

Lectures choisies, accompagnées de questionnaires et d'exercices à l'usage des écoles et des familles, par M. Louis Gossin. 1 vol. in-12. Prix, cartonné : 1 fr. 60 c. — Ouvrage approuvé par la Commission permanente des bibliothèques scolaires et par la Commission instituée pour le développement de l'enseignement agricole.

Histoire de France abrégée, contenant l'histoire du travail agricole et industriel, par M. Emile Chasles, professeur à la Faculté des lettres de Paris. Edition imprimée en gros caractères. 1 vol. in-12. Prix, cartonné : 1 fr. 25 c.

Histoire de France abrégée, contenant l'histoire du travail agricole et industriel, par M. Emile Chasles, édition imprimée en caractères compactes avec questionnaires.

1 vol. in-18, impression très soignée, 230 pages de texte. Prix, cartonné : 60 cent.

LECTURES HISTORIQUES.

Les grands faits de l'histoire de France, depuis les temps les plus reculés jusqu'à la Révolution de 1789, avec un résumé de l'histoire contemporaine, formant un cours complet de notre histoire nationale, à l'usage des familles, des écoles primaires, des écoles normales et des établissements d'enseignement spécial ou professionnel, par M. Émile Chasles, professeur de Faculté. Edition complète, 1 beau vol. in-12. Prix, cartonné : 3 fr. —Edition abrégée, 1 vol. in-12. Prix, cartonné : 1 fr. 50 cent.

Les grands faits de l'histoire ancienne, Égypte, — Assyrie, — Phéniciens, — Grecs, — Romains, à l'usage des écoles primaires, des écoles normales et des établissements d'enseignement spécial ou professionnel, par M. Emile Chasles, professeur de Faculté. Edition complète. 1 beau vol. in-12. Prix, cartonné : 2 fr. 50 c — Edition abrégée, 1 vol. in-12. Prix, cartonné : 1 fr.

Éléments de physique et de mécanique, avec nombreuses applications à l'agriculture et à l'industrie, à l'usage des écoles normales et des écoles primaires, par M. Louis Gossin. 1 fort vol. in-12, orné d'un grand nombre de figures dans le texte. Prix, cartonné : 1 fr. 50 c.

Éléments d'histoire naturelle, zoologie, mécanique, minéralogie, géologie, à l'usage des écoles normales et des écoles primaires, par M. Louis Gossin. 1 fort vol. in-12, orné de très-nombreuses gravures dans le texte. Prix, cartonné : 2 fr. — Ouvrage approuvé et recommandé par la Commission permanente des bibliothèques scolaires, instituée par le Ministère de l'instruction publique. — Cet ouvrage convient aux écoles de tous les degrés ; nous le recommandons tout spécialement aux Instituteurs et aux Directeurs d'écoles normales.

Éléments de Chimie appliquée à l'agriculture, à l'économie domestique et à l'industrie, à l'usage des écoles normales et des écoles primaires, par M. F. Mazure, ancien élève de l'École normale supérieure, professeur agrégé des sciences au lycée d'Orléans, officier de l'instruction publique, chevalier de la Légion d'honneur, membre de plusieurs Sociétés d'agriculture, lauréat des Concours régionaux. 1 fort vol. in-12, orné d'un grand nombre de figures dans le texte. Prix, cartonné : 3 fr.

Notions d'agriculture théorique et pratique, à l'usage des écoles rurales et des agriculteurs praticiens, par M. F. Mazure. 1 vol. in-12, orné de figures dans le texte. Prix. cartonné : 1 fr.

Manuel élémentaire et classique d'agriculture, d'horticulture et de jardinage, par M. Louis Gossin. 1 vol. in-12 illustré. Prix. cartonné : 1 fr. 25 cent.

BIBLIOTHÈQUE CHOISIE

A L'USAGE DES BIBLIOTHÈQUES DE BONS LIVRES, PAROISSIALES, COMMUNALES, SCOLAIRES OU PRIVÉES.

Cette collection ne comprend que des ouvrages irréprochables, aussi variés qu'intéressants, et qu'on peut faire circuler au sein de la famille.

Les Camisards, suivis des **Cadets de la Croix.** par A. de Lamothe, 3 vol. in-18 jésus illustrés, 6 fr.

Les Faucheurs de la Mort, par le même, 2 vol. in -18 jésus illustrés, 4 fr.

Les Martyrs de la Sibérie, par le même, 4 vol, in-8 jésus illustrés, 8 fr.

Marpha, par le même, 2 vol. in-18 jésus, 4 fr.

Histoire d'une pipe, par le même, 2 vol. in-18 jésus illustrés, 4 fr.

Les Soirées de Constantinople, par le même, 1 vol. in-18 jésus, 2 fr. 50.

Histoire populaire de la Prusse, par le même 1 vol. in 18, 1 fr. 50.

Les Mystères de Machecoul, par le même, 1 vol. in-18 jésus, 2 fr.

Le Gaillard d'arrière de la Galathée, par le même, 1 vol. in-18 jésus, 2 fr.

Légendes de tous pays. Les animaux, par le même, 1 vol. in-18 jésus, orné de 100 gravures, 3 fr.

Mémoires d'un déporté de la Guyane française, par le même, 1 vol. in-18, 60 cent.

L'Orpheline de Jaumont, roman national, par le même, 1 fort vol. in-18 jésus, 3 fr.

Le Taureau des Vosges, roman national, par le même, 1 fort vol. in-18 jésus, 2 fr. 50 c.

Aventures d'un Alsacien prisonnier en Allemagne, roman national, par le même, 1 fort vol. in-18 jésus, 2 fr.

Journal de l'Orpheline de Jaumont, par Marie-Marguerite, publié par A. de Lamothe, 1 vol. in-18 jésus, 1 fr. 50 c.

L'Auberge de la Mort, roman national, par A. de Lamothe, 1 vol. in-18 jésus, 2 fr. 50 c.

La Reine des brumes et l'Émeraude des mers, impressions de voyages en Angleterre et en Irlande, par A. de Lamothe, 1 vol. in-18 jésus, 3 fr.

Les Métiers infâmes, par A. de Lamothe (les Chasseurs de cadavres, — les Ramasseurs d'ordures, — Vieux habits, vieux galons, — le Musée des défroqués, — les Gratteurs de pourceaux, — les Pétroleurs, — les Faiseuses d'anges et les Faiseurs de démons, — les Mendiants de popularité, etc.), 1 beau vol. in-18 jésus, 3 fr.

Le Roi de la nuit, par A. de Lamothe, 2 vol. in-18 jésus, 5 fr.

Erreurs et mensonges historiques, par M. Ch. Barthélemy, 12e édition, 3 vol. in-18 jésus, 6 fr.

Chaque volume se vend séparément.

1re SÉRIE.

1a Papesse Jeanne. — L'Inquisition. — Galilée martyr de l'Inquisition. — Les Rois fainéants. — L'Usurpation de Hugues-Capet. — La Saint-Barthélemy. — L'Homme au masque de fer. — Le Père Loriquet. — L'Evêque Virgile et les Antipodes. — 1 vol. in-18 jésus, 2 fr.

2ᵉ SÉRIE.

Calas. — Courbe la tête, fier Sicambre. — Paris vaut bien
une messe. — Les lettres et le tombeau d'Héloïse et d'Abei-
lard. — La révocation de l'édit de Nantes. — Bélisaire. —
Les Enfants de Nemours. — Philippe-Auguste à Bouvines.
— Salomon de Caus. — 1 vol. in-18 jésus, 2 fr.

3ᵉ SÉRIE.

Calvin jugé par les siens. — Tuez-les tous. — Les Crimes des
Borgia. — Marie la Sanglante. — Ce que Versailles a coûté
à Louis XIV. — Louis XVIII et les fourgons de l'étranger.
— La poule au pot. — Saint-Simon historien de Louis XIV.
Agnès Sorel et Charles VII. — Les Béquilles de Sixte-Quint.
— La Prison du Tasse. — L'Arquebuse de Charles IX, etc., etc.
— 1 vol. in-18 jésus, 2 fr.

4ᵉ SÉRIE.

Les quatorze armées de Carnot. — Un chapitre des Erreurs
et Mensonges de Voltaire. — Le Roman du peintre Lesueur.
— La Déposition de Louis le Débonnaire. — Mozart libre
penseur. — Le grand inquisiteur Torquemada. — A propos
de Charles VI et d'Isabeau de Bavière. — Mᵐᵉ de Mainte-
non et la révocation de l'édit de Nantes. — La vérité sur le
père Joseph. — Le vaisseau *le Vengeur.* — 1 vol. in-18 jésus, 2 fr.

Les Compagnons de la Croix-d'Argent, par Clé-
ment Just, 1 vol. in-18 jésus, 3 fr.

NOUVELLES : **Le Christ du dortoir, — les Gants
de la mendiante, — l'Orme de Domptin, —
une Ame du purgatoire,** par Venet, 3 fr.

Otto Gartner, par Marin de Livonnière, 1 vol. in-12, 2 fr.

La Dynastie des Fouchard, par le même, 1 vol. in-12,
2 fr.

Lisa, par le même, 1 vol. in-12, 2 fr. 50 c.

Bas les masques, par Jean Loyseau, 1 vol., 2 fr.

Rose Jourdain (Orages de la Mère noire, Rusé III), par
Jean Loyseau, 2 vol., 4 fr.

Les Bons Apôtres, par le même, 1 vol., 2 fr.

Défauts et vertus de l'enfance, douze contes pour
les enfants, illustrés de 12 gravures, par Mᵐᵉ Testas, 1 beau
vol. in-12, 2 fr.

L'Asile du quai d'Anjou, contes, par Mme Marie-Félicie Testas, 1 vol. in-12, 2 fr.

Récits de M. Jean-Antoine, par Mme Testas, 1 vol. in-12, 2 fr.

La Marquise Satin-Vert et sa femme de chambre Rosette, par Mme la baronne E. Martineau des Chesnez, 5e édition, 1 très-beau vol. in-12, 2 fr. 50 c.

Les Allumettes de l'oncle Grandésir, par Mme la baronne E. Martineau des Chesnez, 1 beau vol. in-18 jésus, 2 fr.

Histoire complète de la Pologne, depuis ses origines jusqu'à nos jours, par C.-F. Chevé, 2 vol., 4 fr.

La Légende d'Ali, suivie d'**Athanatopolis,** par Eugène de Margerie, 1 vol., 2 fr.

Réminiscences d'un vieux touriste, par le même, 1 vol., 2 fr.

Les Misérables d'autrefois, par Maurice Leprévost, 1 vol., 2 fr.

Histoires pour tous, par Mlle Zénaïde Fleuriot (Anna Edianez), 1 vol., 2 fr.

Entretiens populaires sur l'histoire de France, par Blanchet, vigneron à Saint-Julien-du-Sault, revus par A. Labutte, 1 vol., 2 fr.

Études historiques pour la défense de l'Église, par Léon Gauthier, 1 vol., 2 fr.

L'Héritier du mandarin, suivi de **M'ssieu Quantois,** par Henri Vrignault (Urbain Didier), 1 vol., 2 fr.

Joseph Régnier, par le même, 1 vol., 2 fr.

Antoinette de Montjoie, par Marcel Tissot, 1 vol. in-12, 2 fr. 50 c.

Le Manoir et le Monastère, par Marcel Tissot, 1 vol. in-12, 3 fr.

La princesse Jeanne-Gabrielle Esterhazy, par Marcel Tissot, 1 vol. in-12, 2 fr. 50 c.

Hugues de Rathsamhausen, épisode de la guerre des Rustauds en Alsace, par Maurice de Régel, 1 vol. in-12, 2 fr.

Madame Agnès, 2e édition, par C. Dubois, 1 vol. in-12, 2 fr.

Quelques pensées pour les jeunes gens, par M. l'abbé Frédéric Godineau, 1 très-beau vol. in-16, 2 fr.

L'Ouvrier à l'Exposition universelle, par Henry de Riancey, 1 vol. in-12, 1 fr. 50 c.

Vie du père Lejeune de l'Oratoire, surnommé le **Moderne Apôtre du Limousin,** par Jean Grange, in-12, 1 fr. 50 c.

Petites études sur les Livres saints, par l'abbé David, 2 fr.

Annuaire des Œuvres de jeunesse et de patronage, pouvant servir de méthode et de direction, 2 vol., 6 fr.

Monarchie et Liberté, par M. le baron de Fontarèches, ouvrage honoré des félicitations dn Saint-Père, in-12, 2 fr. 50 c.

Un manuscrit inédit d'Isabelle, infante de Parme, archiduchesse d'Autriche, 1763, in-12, 1 fr. 50 c.

Mémorial de la vie chrétienne, par Dupont, 1 vol., 2 fr.

Les Philosophes convertis, études de mœurs au XIXe siècle, 1 vol., 3 fr.

Éléments de physique et de mécanique, par Louis Gossin, 1 vol. in-12 illustré, 1 fr. 50 c.

Éléments d'histoire naturelle. — Zoologie, botanique, minéralogie, géologie, par le même, 1 vol. in-12 illustré, 2 fr.

Éléments de chimie, par Mazure, 1 vol. in-12 illustré 3 fr.

Yvo, le fils du charpentier, ou **la Vocation manquée,** conte ravissant de la Forêt-Noire, par le docteur Perrot, très-gros vol., 2 fr.

———

Toutes les demandes seront expédiées *franco* jusqu'au domicile du destinataire. — Si l'envoi doit être important, prière d'indiquer la gare la plus rapprochée du domicile.

Le prix des ouvrages doit être adressé en timbres-poste, ou mieux en mandats sur la poste, à M. BLÉRIOT, éditeur, 55, quai des Grands-Augustins, à Paris.

St-Denis. — Imp. Ch. LAMBERT, 17, rue de Paris.

www.ingramcontent.com/pod-product-compliance
Lightning Source LLC
Chambersburg PA
CBHW030942210326
41519CB00045B/3775